绿色水产养殖典型技术模式丛书

深远海设施养殖技术模式

SHENYUANHAI
SHESHI YANGZHI JISHU MOSHI

全国水产技术推广总站 ◎ 组编

中国农业出版社
北 京

图书在版编目（CIP）数据

深远海设施养殖技术模式/全国水产技术推广总站组编．—北京：中国农业出版社，2021.8
（绿色水产养殖典型技术模式丛书）
ISBN 978-7-109-28219-3

Ⅰ.①深… Ⅱ.①全… Ⅲ.①深海－海水养殖－网箱养殖 Ⅳ.①S967.3

中国版本图书馆 CIP 数据核字（2021）第 086283 号

中国农业出版社出版
地址：北京市朝阳区麦子店街 18 号楼
邮编：100125
策划编辑：武旭峰　王金环
责任编辑：王金环　　文字编辑：蔺雅婷
版式设计：王　晨　　责任校对：吴丽婷
印刷：北京通州皇家印刷厂
版次：2021 年 8 月第 1 版
印次：2021 年 8 月北京第 1 次印刷
发行：新华书店北京发行所
开本：700mm×1000mm　1/16
印张：13.25　　插页：4
字数：240 千字
定价：48.00 元

丛书编委会

D I T O R I A L B O A R D

本书编写人员

主　编： 崔利锋　王鲁民　岳冬冬

副主编： 徐永江　王　磊　陶启友　张宇雷　王永进　王绍敏

编　者（按姓氏笔画排序）：

么宗利　王　磊　王永进　王绍敏　王鲁民　关长涛　张宇雷　张振东　岳冬冬　郑炜强　孟祥君　倪　琦　徐永江　高浩渊　陶启友　崔利锋　韩振兴　翟介明

DITORIALBOARD

丛书序

Preface

■■■

绿色发展是发展观的一场深刻革命。以习近平同志为核心的党中央提出创新、协调、绿色、开放、共享的新发展理念，党的十九大和十九届五中全会将贯彻新发展理念作为经济社会发展的指导方针，明确要求推动绿色发展，促进人与自然和谐共生。

进入新发展阶段，我国已开启全面建设社会主义现代化国家新征程，贯彻新发展理念、推进农业绿色发展，是全面推进乡村振兴、加快农业农村现代化，实现农业高质高效、农村宜居宜业、农民富裕富足奋斗目标的重要基础和必由之路，是“三农”工作义不容辞的责任和使命。

渔业是我国农业的重要组成部分，在实施乡村振兴战略和农业农村现代化进程中扮演着重要角色。2020 年我国水产品总产量 6 549 万吨，其中水产养殖产量 5 224 万吨，占到我国水产总产量的近 80%，占到世界水产养殖总产量的 60%以上，成为保障我国水产品供给和满足人民营养健康需求的主要力量，同时也在促进乡村产业发展、增加农渔民收入、改善水域生态环境等方面发挥着重要作用。

2019 年，经国务院同意，农业农村部等十部委印发《关于加快推进水产养殖业绿色发展的若干意见》，对水产养殖绿色发展作出部署安排。2020 年，农业农村部部署开展水产绿色健康养殖“五大行动”，重点针对制约水产养殖业绿色发展的关键环节和问题，组织实施生态健康养殖技术模式推广、养殖尾水治理、水产养殖用药减量、配合饲料替代幼杂鱼、水产种业质量提升等重点行动，助推水产养殖业绿色发展。

为贯彻中央战略部署和有关文件要求，全国水产技术推广总站组织各地水产技术推广机构、科研院所、高等院校、养殖生产主体及有关专家，总结提炼了一批技术成熟、效果显著、符合绿色发展要求的水产养殖技术模式，编撰形成《绿色水产养殖典型技术模式丛书》。《丛书》内容力求顺应形势和产业发展需要，具有较强的针对性和实用性。《丛书》在编写上注重理论与实践结合、技术与案例并举，以深入浅出、通俗易懂、图文并茂的方式系统介绍各种养殖技术模式，同时将丰富的图片、文档、视频、音频等融合到书中，读者可通过手机扫描二维码观看视频，轻松学技术、长知识。

《丛书》可以作为水产养殖业者的学习和技术指导手册，也可作为水产技术推广人员、科研教学人员、管理人员和水产专业学生的参考用书。

希望这套《丛书》的出版发行和普及应用，能为推进我国水产养殖业转型升级和绿色高质量发展、助力农业农村现代化和乡村振兴作出积极贡献。

丛书编委会

2021年6月

前言
Foreword

■■■

深远海养殖是纾解近岸水域生态环境压力、拓展水产养殖业发展空间、供给优质绿色水产品的重要途径，也是海工装备制造业创新发展的重要方向。随着“五位一体”总体布局的深入推进实施，我国需要通过深化渔业供给侧结构性改革和落实水产养殖绿色发展理念，寻求水产养殖业绿色发展的未来模式。水产养殖走向深远海是必然选择。

深远海养殖已经受到全球普遍关注，是具有良好发展前景的技术模式。20 世纪 80 年代中期，部分渔业发达国家开始关注并积极探索在远离岸线或开放海域开展设施养殖。30 多年来，挪威、美国、俄罗斯和日本等国家在深远海养殖设施装备和技术研发方面不断取得进展，新的装备设施和技术模式不断涌现，引领着深远海设施养殖逐渐由科研走向实践，并朝着产业化方向发展。相比较而言，我国深远海设施养殖，以近 20 年来的离岸网箱发展为基础，在装备设施和技术模式创新驱动下，成功实现了符合我国海域环境特征的深远海大型网箱和工程化围栏设施的生产实践。尤其是近年来，“深蓝 1 号”“德海 1 号”“长鲸 1 号”“海峡 1 号”和“国信 1 号”等一批高端深远海养殖装备的创新研发与养殖生产实践，将极大地推进我国深远海养殖业的发展进程。

为贯彻落实《关于加快推进水产养殖业绿色发展的若干意见》《关于实施 2020 年水产绿色健康养殖“五大行动”的通知》精神，使深远海养殖新装备、新技术、新模式、新业态服务渔业转型升级与绿色发展，全国水产技术推广总站组织来自深远海养殖科研、生产一线的专家、学者共同编写了《深远海设施养殖技术模式》一书。本书从深远海养殖定义开始，用通俗、易懂的语言，分别介绍了深远海养殖设施的分类与发展模式、国内外主要技术模式的发展现状与趋势、深远海设施养殖技术模式关键要素、国内外深远海养殖实践或设施设计案例等内容，最后对深远海养殖发展的经济效益及生态效益进行评析，希望养殖生产者、投资者能够全面系统地了解深远海养殖发展现状、热点以及投资风险，同时也希望能够帮助养殖生产者解决生产实际问题，进一步推动深远海养殖业健康、有序和可持续发展，促进海水养殖业转型升级和渔民增收致富。

在本书编写过程中，得到了中国水产科学研究院及其所属相关研究所的领导和专家、国家海水鱼产业技术体系岗位科学家和试验站的大力支持，在此一并致谢！同时对投身于深远海养殖业发展的企业家、养殖生产者、科研工作者和政府部门决策者表示崇高的敬意！由于深远海养殖相关设施装备和技术模式尚在创新发展和完善的过程中，并受本书编写的时间和编者水平所限，不足之处在所难免，恳请批评指正。

编　者

2021年6月

目　录

Contents

第一章

深远海设施养殖技术模式概述

20 世纪 80 年代中期，部分渔业发达国家开始关注或积极探索“offshore aquaculture”“open ocean aquaculture”或“open sea aquaculture”，即在远离岸线或开放海域开展设施养殖。

深远海养殖水域广阔、水质优良，能够产出品质上乘、洁净健康的水产品，是受到全球关注和达成共识、具有良好发展前景的技术模式。纵观 30 多年来的发展，全球许多国家对深远海设施养殖给予了大力支持，已产出或正在创新研发具有地域或养殖对象适配特点的设施装备和技术，引领着深远海设施养殖逐渐由科研走向实践，并朝着产业化方向发展。

第一节　深远海设施养殖定义

一、国际经验参照

2008 年，美国国家海洋和大气管理局（National Oceanic and Atmospheric Administration，NOAA）的报告“Offshore Aquaculture in the United States：Economic Considerations，Implications & Opportunities”认为，如果能够建立合适的监管框架，并证明远海养殖生产的经济可行性，则远海养殖将成为未来美国海水养殖的重要组成部分，该报告还对远海养殖进行了定义，具体为：在离岸 3～200 海里（1 海里＝1.852 千米）海域进行可控条件下的生物养殖，其设施可为浮式、潜式或负载于固定结构的设施。鉴于该报告的目的是对深远海养殖的经济性进行分析，因此对于深远海养殖的具体定义并未展开充分的讨论。

深远海养殖（offshore mariculture 或 offshore aquaculture）是指在

离大陆岸线较远的海域（包括群岛水域）乃至公海水域进行养殖生产活动，但不同的国家因其海域海况条件不同，不同的利益相关者也会产生不同的理解偏差。而且，沿海水域环境的多样性使得深远海的“典型”条件难以得到定义，从而对有效区分养殖设施的地点是否远离“岸线”产生一定的挑战性。2010 年 3 月 22—25 日，由联合国粮食及农业组织（以下简称 FAO）渔业和水产养殖部水产养殖处组织的关于“扩大远海海水养殖：技术、环境、空间和治理挑战”专家技术研讨会在意大利奥尔贝泰洛举行，该研讨会按照养殖活动所处地点的不同将海水养殖划分为 3 类：近岸养殖（coastal mariculture）、离岸养殖（off the coast mariculture）和深远海养殖（offshore mariculture），并从远离海岸的距离、水深、水域开放程度、进入养殖区域的便利性和生产操作运营要求等一般性标准方面，对 3 种类型的海水养殖特征进行了描述。上述标准或者条件仅仅是关于海水养殖分类的可行性初步构想，实际上，特定条件下海水养殖的类型划分还需要因地制宜，结合实际海域地点的环境特征开展针对性判断。

根据 FAO 专家组给出的条件和标准，近岸养殖、离岸养殖和深远海养殖的主要区别在于与海岸线的距离以及海域开放/暴露度。近岸养殖通常在浅水区（水深小于 10 米）、距离岸线 0.5 千米以内的不受风浪影响水域。离岸养殖通常在距离岸线 0.5～2 千米、水深 10～50 米的水域，与近岸养殖区域相比，其所处海域的水流更强、风浪对离岸养殖设施的影响较大。深远海养殖通常位于距离岸线大于 2 千米或者超出视线范围，水深大于 50 米且海况条件较差，例如波浪、涌浪、洋流复杂和强风频发的水域。近岸、离岸和深远海养殖分类的一般标准见表 1-1。

表 1-1　近岸、离岸和深远海养殖分类的一般标准

变量	近岸养殖	离岸养殖	深远海养殖
位置/水文	• 距岸线<0.5 千米 • 低潮水深<10 米 • 视线内 • 通常不受风浪影响	• 距岸线 0.5～2 千米 • 低潮时水深 10～50 米 • 经常在视线内 • 稍微受风浪影响	• 距岸线>2 千米，一般在大陆架区域内，也可能在开放海域 • 水深>50 米
环境	• 通常 H_s[①]<1 米 • 短期风 • 局部沿岸流 • 可能遇到强潮流	• $H_s \leqslant 4$ 米 • 局部沿岸流 • 一些潮汐流	• H_s>5 米 • 涌浪 • 风周期可变 • 局部水流影响可能较小

（续）

变量	近岸养殖	离岸养殖	深远海养殖
可达性	・可达性100% ・随时返回陆地	・每天至少访问一次，可达性>90% ・通常可以返回陆地	・可达性>80% ・定期返回陆地，例如，每3～10天
操作	・人工参与投喂、监控等活动	・部分自动化操作，例如投喂、监控等活动	・远程操作，自动进料，远程监控，系统功能
暴露度	・有遮蔽	・部分暴露	・高度暴露

注：①H_s为有效波高，指某一时段连续测得的波高序列从大到小排列，取排序后前1/3波高的平均值。

一般而言，离岸养殖特别是深远海养殖的装备设施在操作方面具有高度自动化和远程控制特征。可达性一般取决于天气和波浪情况，但同时也受养殖规模和技术水平的影响。随着技术装备的不断发展和升级，大型高级深远海养殖装备的可达性将不受天气条件限制。类似于海上石油平台，养殖员工大部分时间将生活在深远海养殖装备的控制平台区。

在对近岸养殖、离岸养殖和深远海养殖类别划分的过程中，对于“距离”的参考标准为“陆地岸线”。

综上所述，按照FAO专家组给出的一般性条件和标准，将深远海养殖定义为：在距离岸线大于2千米或视线以外，水深大于50米，浪高5米及以上，风、浪和洋流较强且多变的水域进行的养殖活动，且具备远程操作、自动投喂以及远程监控等条件。

二、中国特色的深远海设施养殖定义

借鉴FAO对深远海养殖的定义中有关距离、水深、浪流等要素的规定，具体针对中国的海域地理和海况等条件，定义符合中国国情的深远海养殖。

中国海域海底地形的特点是具有广阔的大陆架、深度浅（200米以内）、坡度平缓。其中，渤海、黄海全部位于大陆架上；东海约有2/3的海域属于大陆架，20米左右等深线距岸线约20千米；南海北部大陆架区域50米等深线距岸线50～100千米。此为我国发展深远海设施养殖的基础条件。在大力倡导“以养为主”的水产养殖政策驱动下，除了其他海域功能需求之外，中国近岸海域尤其是海湾水域，已经实现了“宜养则养”的养殖生产开发，部分海域的养殖生产规模甚至超过了环境容纳量。然而，离岸海域尤其是距离岸线3千米以上或者等深线20米及以深的大部分海域，仍处于低度利用的状态。此外，中国发展深远海设施养殖的时间短，装备设施、养殖品种及其与海域环境条件的基础研究和适应性都处于不断探索和实践过程。这些情况都是在界定中国特色深远海设施养殖过程中需要考虑的条件因素。

综合上述分析，中国的深远海设施养殖应考虑以摆脱近岸流的状态作为参考和主要目标，综合考虑离岸距离、水深和浪流特征等要素，建议定义为：远离大陆岸线3千米以上且处于开放海域；水深大于20米并具有大洋性浪、流的特征；具有规模化的养殖设施，包括但不限于网箱、围栏、平台、工船；配有一定的自动投喂、远程监控、智能管理等装备的养殖活动。具备以上条件中的主要要素就可以纳入深远海设施养殖范畴。

第二节　深远海养殖设施分类

深远海养殖设施构建需要综合考虑养殖海域的水文条件、底质环境、适养品种等方面的因素，按照养殖需求对养殖设施进行设计研发。由于全球适宜养殖的海域环境呈多样性特征，使得深远海养殖设施呈现多元化发展。基于海工技术的深远海养殖设施多元化发展为不同海域的鱼类养殖提供了基本保障，也为选择不同种类的养殖设施提供了借鉴。根据依据现有养殖设施及概念设计产品这一特点，可以从设施生产状态、设施结构方式、固泊移动方式等不同角度对深远海养殖设施进行归类（图1-1）。

一、按设施生产状态分类

设施生产状态是指养殖设施在特定海域的生产过程中所处的浮沉状态，通过在不同水层的生产布设或升降调整，降低恶劣海况对养殖设施和养殖鱼类的不利影响，实现养殖设施的安全性和养殖管理的便利性。按照设施生产状态分类，深远海养殖设施大体可分为浮体式、半潜式、全潜式和升降式4类。

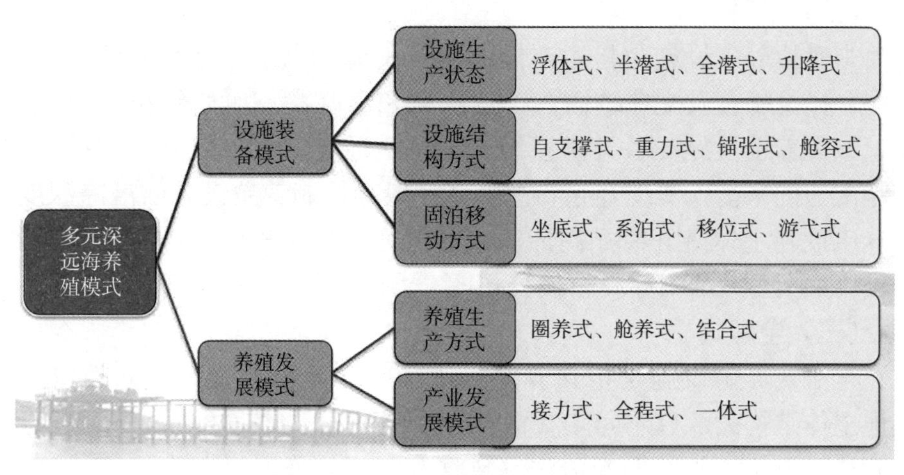

图 1-1 深远海养殖设施分类框架

(一) 浮体式

浮体式养殖设施是指其主体框架结构（浮体）位于海平面以上，通过浮体提供整个设施的浮力，使其漂浮在海面上，养殖空间位于海平面以下。该类养殖设施通过但不限于聚乙烯空心管提供浮力，也可通过浮筒、金属空心框架、木材、竹材等材料构建养殖设施的浮力主体。由于养殖设施位于海平面的高能层，易受到风能、波浪能、水流等的共同作用，其设施结构的安全性会受到一定挑战，特别是在深远海开放海域，大洋性浪、流特征明显，且更易受到台风等恶劣天气的影响，聚乙烯管材、金属框架的结构强度较高，通过科学设计和合理布局，以此作为主浮管的浮体式养殖设施具有一定的应用开发前景。该类养殖设施的典型代表有 HDPE（高密度聚乙烯）抗风浪网箱和钢结构养殖平台等。

以圆形深海抗风浪网箱为例，其主要由聚乙烯框架、浮绳框、锚（或桩、重块）、缆绳及浮球等组成，主框架采用综合性能良好的聚乙烯管材制作，通过熔焊对接，形成密闭空间，以提供基础浮力，其抗风浪性能好、造价较低、适应范围较广，得到了很好的开发和应用。该网箱系统发展较早的是挪威的 Refa 公司、PolarCirkel 公司等。目前，这种结构的网箱的建造规格不断扩大，其周长从最初的 40 米左右已发展到 160 米，浮管直径由 250 毫米发展到 400 毫米，网深也由 8 米左右增加至近 50 米，单个网箱水体由 1 000 米^{3}发展到近100 000米^{3}甚至更大。

（二）半潜式

半潜式养殖设施是指主浮体结构位于海面以下、具有潜降功能的系统，操控平台及支撑结构在正常状态和潜降状态时始终位于海面以上。该类养殖设施配备升潜系统，主要是通过压载水的泵入和排出调节浮沉力的平衡，实现升起和潜降，一般会控制养殖设施的潜降深度，使养殖设施主体避开海洋高能区，以保证设施结构的安全性。该类养殖设施的典型代表有宁德富发公司的“海峡 1 号”等。

（三）全潜式

全潜式养殖设施是指在养殖过程中，除示位装置等在海面以上，其他主体结构大部分时间均在海面以下的设施，该设施只有在进行成鱼起捕、设施维护、网衣清洗、转移等管理工作时浮起至海面。该类养殖设施一般为刚性桁架式结构，配备压载舱式沉降系统，适用于 30 米以上水深的海域，可有效避开海洋表面高能区，降低风、浪、流对设施结构的不利影响。由于此类养殖设施大部分时间处于水下，因此，需要自动化程度较高的管理系统保障其运行，装配诸如自动投喂、死鱼处理、生产状态监测等自动化设备以及远程通信系统。该养殖设施的典型代表有日照万泽丰公司的“深蓝 1 号”养殖网箱和美国的 AquaPod 球形网箱等。

（四）升降式

升降式养殖设施生产状态介于浮体式与全潜式养殖设施之间，其在海况条件良好的情况下浮于海面，在恶劣天气情况下全潜至海洋的安全区，全潜状态时一般只有示位浮标和通信设备处于海面以上。该类养殖设施主体框架结构可以采用浮体式养殖网箱结构或自支撑结构等，配备升降系统，实现养殖设施的升起与沉降，以躲避恶劣海况的影响。该养殖设施的典型代表有美国的 SeaStation 碟形网箱、智利的 EcoSea 升降式网箱和中国水产科学研究院东海水产研究所研发的智能升降式网箱等。

二、按设施结构方式分类

设施结构方式是指养殖设施构建养殖容积的方式，通过结构设计形成有一定容积的空间，供养殖鱼类活动，保证其有更接近自然条件的生活状态。按照设施结构方式分类，深远海养殖设施可分为自支撑式、重力式、锚张式和舱容式 4 类。

（一）自支撑式

自支撑式养殖设施是指通过自身的刚性桁杆或拉索结构支撑形成养殖容积，而不借助其他辅助结构的设施。此类养殖设施属于刚性或半刚性结构，养殖容积基本不受浪、流的影响。例如挪威的 Ocean Farm 1、中国的“深蓝 1 号”等设施通过钢制桁杆构建箱体主框架，形成恒定的养殖容积，美国的 SeaStation 碟形网箱、中国的“海峡 1 号”养殖平台等设施通过中央立柱引出支架或拉索，构建箱体主框架，形成恒定的养殖容积，然后在主框架上装配纤维网衣或铜合金网衣，防止鱼类逃逸和大型生物袭击。

（二）重力式

重力式养殖设施一般是指纤维和金属网衣在水下处于悬挂状态，依靠重力载荷维持网箱网体的基本形状，以减少养殖容积损失的设施。该类养殖设施一般为浮式或沉降式养殖设施，其网体上部连接主框架，侧网处于悬垂状态。重力式易受到水流冲击产生升力使得网体漂移，带动网体底部向上移动，减小养殖容积，因此应在网箱底部框架或铅芯纲适当增加重力（沉块），以平衡水流冲击网体产生的升力。该类型养殖设施以 HDPE 抗风浪网箱为典型代表。

（三）锚张式

锚张式养殖设施是指通过锚或桩固定及张开网衣的设施，在工作状态下，箱体网衣始终处于绷紧状态。该类养殖设施以美国 Ocean Spar 公司研制的锚张式网箱为典型代表，其由 4 根 15 米长的钢柱以及 8 条 80 米长的钢丝边围成，钢柱依靠锚和网直立固定，当出现大风浪天气时，依靠钢柱浮力的变化，整个网箱可沉至水下无波浪处，该网箱即使在 1.75 米/秒强流条件下，仍能具有 90%以上的容积保持率。

（四）舱容式

舱容式养殖设施是指以刚性板材围成养殖空间，只在上平面开放，作为养殖管理的开口。该类养殖设施一般以养殖工船为典型代表，配备智能管理、循环水处理、自动投饵、自动收集、水质监控、生活和养殖污水处理、能源供给系统等。

三、按固泊移动方式分类

固泊移动方式是指养殖设施在特定海域的布设方式，通过选择适宜的布设方式，提高养殖设施的可靠性和安全性，避免海洋高能环境对设施结构的破坏。按照固泊移动方式分类，深远海养殖设施可分为坐底式、系泊式、移位式和游弋式 4 类。

（一）坐底式

坐底式养殖设施是指设施底部通过坐底结构坐落于海底或嵌入海床，维持整个养殖箱体稳性的设施。该类设施具有柱桩、吸力锚和底座等坐底结构，柱桩和吸力锚要嵌入海床一定的深度，或底座装置依靠自身重力坐于海底。中国有以台州大型深远海工程化养殖围栏为典型代表的柱桩坐底养殖设施和以烟台“长鲸 1 号”坐底式养殖网箱为典型代表的底座坐底养殖设施。

（二）系泊式

系泊式养殖设施是指通过系缆设备将养殖箱体固定在一定海域的设施。系泊方式一般有单点系泊、双点系泊和多点系泊，通过缆绳连接锚、柱桩和沉石结构固泊于海底，在受到浪、流载荷时承受主要的张力，防止养殖箱体的位置移动。该类养殖设施的典型代表有深海抗风浪网箱（多点系泊）、挪威箱梁框架式养殖平台（单点系泊）和美国 AquaPod 球形网箱（单点、双点、多点系泊）。

（三）移位式

移位式养殖设施是指在遇到恶劣天气或养殖海域转移时，借助动力辅助船舶拖曳至设定地点的设施。该类养殖设施一般在生产过程中浮于海面，在需要移动时解除锚泊系统再进行转移。该类设施以舟山海王星“海鑫号”养殖平台和挪威箱梁框架式养殖平台为典型代表。

（四）游弋式

游弋式养殖设施是指在遇到恶劣天气时或根据养殖需求，依靠自身动力进行转移，具有随时可移动特点的设施。该类养殖设施的主要特征是具有动力系统，可随时根据需要进行养殖海域的转移，以养殖工船为典型代表。

第三节　深远海养殖模式

一、接力养殖式

水产动物养殖，尤其是鱼类养殖受水体温度等环境因素影响较大，水温过高或过低都会影响水产动物摄食和生长，严重的情况下，还会出现不生长或者负生长乃至死亡的情况，导致养殖生产成本提高和风险增加。为适应不同水产动物、不同养殖阶段对水温等环境因子的要求，研究人员在实际生产中探索总结了“接力养殖模式”，以保障养殖水产动物顺利越冬，提高养殖生产效率。具体操作方面，有2种典型的模式：一是近海养殖鱼种＋深远海设施养殖成鱼（简称为成鱼养殖模式）；二是深远海设施养殖鱼种＋陆基工厂化循环水系统越冬养殖＋深远海设施养殖成鱼（简称为循环养殖模式）。

（一）成鱼养殖模式

该模式的特点是能够在养殖海域范围内就近选择合适的地点保障养殖水产动物顺利越冬，且提高了养殖水产品的品质。以浙江台州大陈岛海域大黄鱼围栏放养模式为例：大黄鱼养殖的适宜水温为15～25℃，最佳水温为20～22℃，越冬水温为9～11℃，如果水温低于8℃或者高于30℃，大黄鱼则会出现死亡现象。大黄鱼鱼种于10月投放，养殖周期一般需要2年，如果冬季浙江大陈岛的海水温度低于8℃（历史极值是5.7℃）则大黄鱼无法存活，生产可能面临灭顶之灾。为保障养殖大黄鱼鱼苗顺利越冬，应将在大陈岛海域繁育的大黄鱼鱼苗转移至水温条件更加适宜的海域进行越冬养殖，其中福建宁德海域作为传统野生大黄鱼渔场，是大黄鱼鱼苗越冬海域的良好选择。因此，12月至翌年3月将大黄鱼鱼苗从大陈岛海域转移至福建宁德等相关海域进行鱼种阶段养殖，其间大黄鱼鱼苗的体质量平均能增加100克左右。翌年3—4月，大陈岛海域水温逐步上升，此时则将体质量250克以上的鱼种从福建宁德海域运回至浙江大陈岛海域，利用深远海养殖设施（网箱、围栏）进行成鱼养殖，即深远海设施养殖成鱼环节。第三年1月（春节期间）可将养殖的成鱼销售。

在该养殖模式下，由于避免了大陈岛海域冬季水温偏低引起的大黄鱼养殖风险，缩短了养殖生产周期，且其产品具有野生大黄鱼的特点，市场销售价格较高，因此养殖效益好。

（二）循环养殖模式

由于在深远海设施养殖海域附近难以找到条件适宜的自然海域进行越冬管理，或者运输成本较高，需要借助陆基工厂化循环水系统越冬养殖，该模式的特点是利用陆基工厂化循环水系统越冬，压缩了养殖生产周期，提高了养殖效率和产量。例如黄渤海深远海设施养殖黄条鰤，需要借助陆基工厂化循环水系统越冬养殖管理。黄条鰤生长速度很快，通常在表层水温20～25℃时觅食活跃，主食鳀和玉筋鱼等小型鱼类、头足类及甲壳类海生动物。根据黄渤海水温变化规律，6—10月的水温条件适合黄条鰤生长，10月底水温低于18℃时，黄条鰤会生长停滞或者出现负生长。为了保障其顺利越冬，当水温低于18℃时（10月底至翌年5月），需将黄条鰤从深远海养殖设施转运至陆基工厂化循环水养殖车间进行越冬管理，转运过程中需要对船舶、装鱼装置、陆运车辆等进行严格选择。在越冬保育过程中，应结合黄条鰤的生理习性，对工厂化循环水系统设施条件、养殖环境、养殖密度、饵料投喂策略和养殖管理等内容和环节进行严格控制，从而减少应激死亡问题，提高黄条鰤养殖效率，加快其上市销售。

该模式有效解决了黄条鰤野生苗种或人工繁育苗种在黄渤海深远海设施养殖过程中的自然越冬问题，并且实现了越冬期（10月底至翌年5月）苗种的持续生长，可以有效提高传统养殖方法下同周期的生产效率。以2年周期为例，从6月投苗（野生苗种或人工繁育苗种）至10月底在黄渤海深远海养殖设施中养殖，10月底至翌年5月在陆基工厂化循环水系统越冬养殖管理，翌年6月至10月底重新转运至深远海养殖设施中养殖，翌年10月底至第三年5月在陆基工厂化循环水系统越冬养殖管理，第三年6月重新转运至深远海养殖设施中养殖。整个养殖生长过程中，经历了2次越冬养殖管理，产生了2次越冬管理成本，但其采用的工厂化循环水系统极大地提高了养殖生产效率。试验结果表明，与传统养殖方法相比，该模式的养殖效率可提高100%，经济效益比较明显。

二、全程养殖式（养殖工船）

深远海大型养殖工船是指具有自主航行功能的浮式海上渔业生产平台，也可称为大型海上养殖工厂（floating production aquaculture, FPA），是一种综合性海上渔业生产平台，具有相当强的续航力和自持力，可游弋于适宜的养殖水域，以获取适宜养殖水温、减少养殖排放和躲避风暴。早在20世纪80—90年代，发达国家就提出了发展大型养殖工船的理念，包括浮体平台、船载养殖车间、船舱养殖以及半潜式网箱工船等多种形式，并进行了积极的探索，为产业化发展储备了技术基础。大型养殖工船在欧美等发达国家虽有诸多实践，但一直以来未见形成主体产业，生产规模有限，究其原因，主要是产业发展条件尚不成熟。

中国深远海养殖装备研发尚处在起步阶段。20 世纪 70 年代末期，雷霁霖院士绘制了“未来海洋农牧场”建设蓝图，展示了中国建造养殖工船的初步设想。中国水产科学研究院渔业机械仪器研究所丁永良长期跟踪国外养殖工船研发进程，梳理总结技术特点，提出深远海养殖平台构建全过程“完全养殖”，自成体系“独立生产”，机械化、自动化、信息化“养殖三化”，以及“结合旅游”“绿色食品”“全年生产”“后勤保障”等技术方向。“十二五”期间，中国水产科学研究院渔业机械仪器研究所徐皓等提出了以大型养殖工船为核心平台的“养-捕-加”一体化深远海“深蓝渔业”发展模式。

三、养殖休闲一体式

养殖休闲一体式是利用深远海的岛礁或养殖平台等地理资源优势，将养殖生产与旅游开发融为一体的休闲渔业方式。目前较为常见的多是以海洋牧场为平台，利用良好的生态环境开展生态养殖，并建造配套设施为游人提供观景或垂钓平台。随着大型深远海养殖装备的应用，养殖休闲一体式的模式也具备了依托平台、远离岸线、脱离岛礁、拓展休闲渔业的发展空间。

（一）温州鹿西岛白龙屿生态海洋牧（渔）场

白龙屿生态海洋牧（渔）场位于浙江省温州市洞头区距洞头本岛约 16 千米的鹿西岛东南侧，该牧（渔）场以鹿西岛东臼村马蹄山和相邻的白龙屿岛为基础，采用围栏方式，东西两端用栅栏式海堤连接，并在堤坝两侧桩与桩之间安装生态保护网，形成水域面积 43.33 公顷（650 亩*）、水体约 400×10^4 米^3 的纯天然生态海洋牧（渔）场，养殖高品质大黄鱼和其他高品质海产品。

温州鹿西岛白龙屿生态海洋牧（渔）场将养殖与旅游充分结合，在东、西两条堤坝上安装护栏，建设大黄鱼垂钓平台，景观平台地坪

* 亩为非法定计量单位，15 亩＝1 公顷，下同。——编者注

上以仿古美化建设，东面景观平台建设漫步栈道至西堤，形成大黄鱼垂钓平台与白龙屿岛 2 千米的形象景区。基础设施与经营管理的不断完善，使白龙屿生态海洋牧场、白龙屿大黄鱼知名度不断提高，来鹿西岛旅游的人次不断增多，白龙屿已经成为鹿西岛的主要景点。据有关统计，白龙屿日均旅游人数最高已达 600 人次。

温州鹿西岛白龙屿生态海洋牧（渔）场的建设对鹿西岛产业结构调整、渔民转产转业及海洋资源的生态修复都具有良好的示范效应，更借助鹿西岛旅游业的发展平台，将生态养殖与旅游休闲融为一体，实现多元化发展，在开展农牧化生态增养殖的同时，进行牧（渔）场周边岛屿贝类、藻类的保护和管理，促进海洋生态环境保护，推动水产养殖业和旅游业协调发展。

（二）莱州明波远海大型钢制管桩围网立体生态养殖平台

山东省海洋资源得天独厚，面积 1 千米^{2}以上的海湾有 49 个，潮间带以及水深 50 米以内海域面积约 9.7×10^4 千米^2，目前仅开发约 1 668 千米^2，利用率不足 2%，且主要集中在水深 10 米以内海域。因此，在更深更远的开放海域发展养殖是拓展新养殖空间、推动水产养殖绿色发展的必由之路。

根据农业农村部和山东省海水养殖产业转型和绿色发展的战略要求，结合山东省海上粮仓建设的技术条件需求，莱州明波水产有限公司在我国北方海域建设了第一个养殖休闲一体化的远海大型钢制管桩围网立体生态养殖平台，装备了相应的饵料投喂、水质监测、吸鱼泵等大型设施设备，实现了开放海域大型设施养殖的自动化、信息化和现代化。在注重发展养殖生产的同时，该平台兼顾了渔业休闲功能，设置了 8 个作业与生活休闲平台，其中生产作业平台 1 个、生活休闲平台 1 个、垂钓平台 6 个。生活休闲平台设会议室、厨房、宿舍、设备间、洗手间、淋浴间，配套光伏发电、太阳能热水器、水箱、空调外机、污水处理设备等，可满足旅游爱好者和垂钓爱好者休闲娱乐的需求，致力于打造“海上粮食采摘”的新型模式。该平台建设地点离岸约 10 千米，乘船仅需半小时即可到达，交通便利。围网建设海域水质符合海水水质二类标准和渔业水质标准，渔业资源丰富，渔获量及资源密度高，海域水深 12.4～13.5 米，透明度较大，水流交换通畅，流速适宜。另外，该平台地理位置优越，临近莱州明波水产有限公司生态型人工鱼礁区，东部紧邻深水网箱养殖区，有利于形成养殖区域的集成连片和规模化生产，便于集中管理，有利于形成增殖渔业与休闲渔业一体的综合性渔业经济区。

四、绿色能源与养殖融合发展模式

海洋绿色风能是未来清洁能源利用的新方向，发展前景广阔。我国拥有丰富的近海风能资源，开发海上风电有突出优势，是全球第四大海上风电国，占据全球海上风电 8.4%的市场份额。全球海域风能资源的评估资料显示，中国东海和南海的风能密度较高，密度区域根据离岸距离呈平行带状分布。相较于欧洲等风电发展成熟地区，我国海上风电行业发展较晚，尚处于起步阶段，未来具有巨大的发展潜力。

绿色风能与海洋生态渔业融合创新，实现和谐共存发展。海洋风能资源的不断开发必然会占用沿海海域面积。基于风电基础的人工鱼礁群构建，可以结合并扩大风电基础的聚鱼增殖效应，利于海洋生态的修复和渔业资源的增殖。人工鱼礁建设是构建海洋牧场、恢复海洋生态的重要手段，已有欧洲海上风电场海域的生物多样性调查研究表明，风电场桩基建设具有鱼礁生态修复作用。同时，风电基础建设中对基座周围海底的投石筑基工程可避免所投放人工鱼礁的礁体沉降，提高以风电基础为核心的鱼礁群的构建便利性，并更好地发挥礁体的生态修复效应。搭建安全可靠的深远海养殖设施，建立规范高效的风电运维与养殖共享管理体系，营造科学合理的人工鱼礁生态修复群落，可推进生态优先的深远海风电与深远海养殖项目和谐共存发展。

风渔融合发展有利于保持渔业空间、促进渔业提质增效转型。海上风电基础的构筑可以为网箱等养殖设施提供强有力的固泊支撑，因此，海上风电场的建设可搭载网箱等养殖设施走向更深更远的开放海域。同时，礁体背流面的减流效应与涡流效应可为网箱养殖鱼类创造适宜的生长环境，礁体的上升流还可以为网箱养殖鱼类输送天然生物饵料，从而为优质鱼类的产出提供良好的水域环境等基础条件。

根据国内外海上风电场海域相关海洋生物的调查研究分析，风电场海域影响鱼类养殖的主要因素为风机及其叶片运动噪声。上海市水产研究所曾对春夏两季东海大桥的海上风电场内鱼类组成及多样性开展调查研究，其中捕获鱼类最多的为鲈形目石首鱼科，其次为鲽形目舌鳎科以及鲱形目，第三为鲈形目带鱼科、鲳科和虾虎鱼科等。该调查结论可以在一定程度上表明，石首鱼科的大黄鱼等种类或可适应海上风电场的噪声，而在现有的养殖过程及养殖环境中发现，大黄鱼虽对声音有一定反应，但未出现由于船只等间断性噪声影响大黄鱼生长的情况。关于一定强度的持续性噪声对鱼类的生长会产生何种程度的影响，需要进一步开展试验研究。现有研究显示，在噪声不对鱼类的听力产生伤害或影响其生理反应的前提下，在风电场开展鱼类养殖具有可行性。

第四节　深远海设施养殖前景与挑战

一、前景分析

（一）食物与营养需求是深远海养殖发展的本质条件

作为与畜禽肉类、蛋类并列的三大动物性食物之一，水产品在保障全球营养和粮食安全方面发挥着重要作用。随着中国经济发展进入新时代，国民食物消费不断升级、结构不断优化，食物消费的特点正从“吃得好”向“吃得健康”转变，水产品在中国居民膳食结构中的比例处于上升趋势。按照广义消费量测算，2017 年中国城镇居民人均水产品消费量仅达到《中国居民膳食指南》中“膳食宝塔”推荐摄入量的下限水平，而农村居民人均水产品消费量仅为“膳食宝塔”推荐摄入量下限水平的 55%，全国居民人均水产品消费量提升的空间巨大。因此，通过加大深远海养殖等新养殖空间的开发力度是补充水产养殖产量增量缺口的重要途径。

（二）绿色高质量发展是深远海养殖的核心竞争力

深远海养殖被确定为今后一个时期中国海水养殖业发展的重要方向，利用深远海优质海水资源进行水产健康养殖，是中国水产养殖业转型升级实现绿色高质量发展的必由之路。2013 年 2 月，国务院发布《关于促进海洋渔业持续健康发展的若干意见》（国发〔2013〕11 号），要求控制近海养殖密度，鼓励有条件的渔业企业拓展海洋离岸养殖和集约化养殖。2016 年，农业部发布《全国渔业发展第十三个五年规划》（农渔发〔2016〕36 号），提出加强深远海大型养殖平台等研发和推广应用，提升水产养殖精准化、机械化生产水平。2019 年 2 月，农业农村部等10部委印发《关于加快推进水产养殖业绿色发展的若干意见》，提出支持发展深远海绿色养殖，鼓励深远海大型智能化养殖渔场建设。2020年3月，农业农村部印发《关于实施2020年水产绿色健康养殖“五大行动”的通知》（农办渔〔2020〕8号），提出从2020年起实施水产绿色健康养殖“五大行动”，具体包括：生态健康养殖模式推广行动、养殖尾水治理模式推广行动、水产养殖用药减量行动、配合饲料替代幼杂鱼行动和水产种业质量提升行动。其中，推广深水抗风浪网箱养殖技术模式，将网箱养殖系统安放在离岸相对较远的水域，开展集约化养殖是一项重要内容。从上述各项文件、方案的内容看，深远海设施养殖已经成为农业农村部积极推动和倡导的健康养殖模式，其绿色高质量发展的特点是核心竞争力。

（三）体系化的网箱养殖产业是深远海养殖发展的基础条件

中国从20世纪70年代开始发展近岸小型网箱，海上设施养殖由此开启了近岸海域养殖模式，开拓了海上网箱养殖设施；到90年代后期，开始发展离岸大型网箱，拓展了海域养殖利用空间，提升了网箱设施装备水平。目前，中国拥有近岸养殖网箱100万只，养殖产量达到44万吨；离岸网箱有8 000只，养殖产量达到8.8万吨；养殖品种从北到南包括了河鲀、六线鱼、鲈、真鲷、大黄鱼、卵形鲳鲹、军曹鱼等多个品种。到2013年，深远海大型围栏的设计应用创新了放养模式，促进了设施工程化升级。通过层级式发展，中国整个海上设施养殖已经基本构建了以养殖设施为核心，以适养品种筛选、养殖苗种培育、饲料与营养、投饲技术与装备、材料与装备、养殖管理经验等方面为产业链上游，以冷冻保鲜、初级加工、市场培育、营销模式等方面为产业链下游的完善综合性体系，三产融合为深远海养殖的发展奠定了良好的基础条件。

（四）已被市场验证的提质增效是发展深远海养殖的源动力

一个产业的发展最终要落实到行业利润上。社会经济的发展和人们生活质量的提升，促使人们对养殖鱼类的品质和安全提出了更高的要求，也促使养殖企业寻求更高的经济效益，这从不同养殖模式中养殖鱼类的价格可略知一二。以大黄鱼为例，近岸养殖大黄鱼的价格、围栏养殖大黄鱼的价格、野生大黄鱼价格呈现三级跳趋势：2017年，福建宁德工厂化养殖的大黄鱼价格为30元/千克左右，而围栏养殖大黄鱼价格则在 100 元/千克以上，更可观的是野生（海捕）750 克的大黄鱼的价格达到 1 600 元/千克。由此可知，养殖不同品质的海水鱼类将会有不同的价格，高品质的养殖鱼类有更高的价格优势，这就促使养殖企业和养殖户为了追求更高的经济效益而将目光瞄准能够产出高品质产品的养殖设施和模式，为中国发展深远海养殖高投入高产出提供了源动力。

（五）多学科（领域）技术集成是设施大型化和推向深远海的重要支撑

近年来，造船行业和海工行业从技术装备的集成上为深远海养殖业的装备升级奠定了一定基础并提供了技术支撑。众所周知，养殖空间的拓展必然面向更加开放的海域，而在高海况条件下，深水大型设施的安全运行需要保障设施的牢固性和可靠性。目前，中国已在船舶建造、锚泊、网箱结构、设施材料等方面建立了一系列关键技术，在离岸海洋自减流低形变结构设计、管架内置气囊式升降控制、改性纳米框架材料等方面实现了自主创新，应用中的诸如钢筋混凝土桩和钢塑复合管桩，已可以做到桩柱精准定位及海上施工。海水养殖网衣在生物附着和水流条件影响下需要保障水流通畅性，而铜合金网衣新材料在中国网箱养殖业的率先应用及相关技术的自主创新，推动了大型工程化围栏设施与生态养殖模式的构建及产业化应用，为发展提质增效、健康生态的深远海养殖设施装备提供了技术支撑。可见，多学科（领域）交叉应用，有效集成现有技术，才能支撑海水养殖产业走向深远海。

二、发展中面临的挑战

体系化的网箱养殖为中国发展深远海养殖奠定了基础，船舶和海工技术的集成应用为设施大型化和拓展深远海区提供了重要技术支撑，大型围栏设施养殖提质增效的成效得到市场验证和关注，促进了深远海设施养殖逐步走向实践。但在深远海设施养殖发展过程中仍面临着技术和管理两方面问题。

（一）设施安全是深远海养殖发展中的首要问题

台风灾害是中国东海和南海深远海养殖发展面临的巨大挑战。参照 2015 年的案例，在当年第 9 号超强台风“灿鸿”的侵袭下，浙江大陈岛海域某海上围栏养殖装置受损严重，其受损位置主要集中在正面迎浪的部位，而其他部位却基本完好，说明在前期设计时，对处于不同位置的围栏设施强度设计与建造要求考虑不周，同时也说明，经合理计算设计的设施装备能够抵抗高海况条件下风浪的侵袭。该围栏养殖设施经过修复并改进后至今运行良好。

（二）污损生物是常被忽视却关系到整个设施装备安全的问题

附着生物是影响设施安全的重要因素，尤其对刚性支撑网体影响较大，严重时会导致三种结果：一是网衣撕裂，造成养殖鱼类逃逸；二是网衣附着生物后水流不畅通；三是网衣在生物附着后会产生巨大的阻力，阻力传导到设施上会导致设施坍塌，造成不可挽回的损失。附着生物的问题似乎很小，但造成的损害却是巨大的，能够决定养殖设施安全。目前，中国水产科学研究院东海水产研究所与国际铜业协会进行了10多年的合作研究，不断优化污损生物的解决方案，并取得了良好的示范效果。

（三）环境信息不精准，实践验证代价大，市场培育过程长

深远海养殖在实践过程中也逐渐暴露出一些问题。总体上来讲，一是环境信息不精准，在海域选择时，特定待选海域大面上有历史数据，但缺乏网箱设施拟设置点的数据支撑，包括具体的水流、底质等情况。二是实践验证的代价大，海工技术结合海水养殖装备的复杂性没有得到足够重视，大型养殖装备的研发还需要引入模型或中尺度试验论证。深远海养殖投入高，若直接投入实践，一旦出现问题损失巨大，另外还需要充分考虑大型装备水下网体的材料、结构、装配操作等。三是市场培育过程长，深远海养殖鱼类在后续的市场营销过程中，需要重视当前国内鲜、活水产品的消费习惯和大众消费能力，逐步完善全产业链。同时养殖装备规模的确定也应考虑产品集中上市与市场对接问题，这将是一个漫长的市场培育过程。

（四）急需基于应用基础研究的科学支撑

当前，很多企业急于将基于经验和理想的设计投入深远海养殖实践，理论基础和应用基础研究严重滞后，对深远海养殖发展的支撑不足。根据近海养殖的思维模式，围栏设施空间越大，越有利于养殖大黄鱼的生长加快和品质提升。但是，通过采用水下声呐技术对围栏养殖鱼类行为研究分析发现，在实际养殖时，受到水流或海况条件影响，

鱼群会集中在某一区域，实际只利用了养殖空间的20%～30%，而养殖鱼类的高度集群会造成局部水体缺氧，反而不利于鱼类的生长；为改变单一大空间养殖的缺陷，后续进行了分舱设计改进，给予鱼类自然生长、游弋的合理空间，但特定养殖密度所需的最合理空间还需更多的研究成果支撑。相关科研人员做过相关研究，标记追踪一尾目标鱼，观察其长时间内的运动区间发现，其在围栏内约90%的时间停留在某一区域，即便投喂时会短暂离开，但摄食结束后还会回到原来的空间。因此，要合理利用深远海养殖空间建设最合适的养殖规模，这就需要今后针对养殖密度与群体的关系、群体与空间需求的关系、空间规模与养殖鱼类品质的关系等应用基础问题不断开展深入、系统研究。

（五）经济可行性是深远海养殖产业化发展的决定因素

针对产业能否发展可以开展研究工作，但能否最终发展起来还取决于经济可行性。美国国家海洋和大气管理局分析海水养殖的经济模型显示，对于近岸养殖、离岸养殖和深远海养殖模式的成本构成而言，鱼种成本和饵料成本几乎没有差异，管理成本和设施成本是使综合成本产生差异的关键因素。模型结果显示，深远海养殖属于高投入高产出，养殖鱼类如果缺少价格上的优势，其价格落在由需求曲线和供给曲线决定的平衡价格线以下，即处于亏损状态。因此，深远海养殖会面临几个方面的竞争：一是同等的低成本养殖产品；二是同类进口养殖产品；三是同类海洋捕捞产品。从面临的竞争环境看，深远海养殖经济可行性则需要具备以下条件：一是与低成本养殖模式养殖的相同品种相比，具有显著的价格优势；二是与同类同质的进口产品相比，具有综合成本低的优势；三是没有同类的海洋捕捞产品相竞争。

第二章 深远海设施养殖技术模式发展与现状

长期以来，全球海水养殖产量主要来源于近岸水域，由于长期的养殖生产以及不规范的操作方式，导致近岸水产养殖与沿海地区的居民生活、环境保护等产生了一定的冲突。利用近岸有限的水域条件开展水产养殖，容易与航运、旅游、资源养护等部门的用海需求产生冲突。近岸水产养殖也易导致局部水域环境退化、养殖生物逃逸和疾病传播等问题。因此，水产养殖业开始探索利用环境友好的水域环境进行可持续水产品生产，即深远海养殖，为水产养殖提供更加广阔的海域空间，从而减少与其他行业领域的用海需求产生冲突，同时还能提供更优质的养殖水环境和可持续的水体交换条件。

第一节 国外发展

一、设施技术与模式发展历程

（一）主要装备研发的发展过程

利用深远海的条件优势开展鱼类养殖已经成为保持鱼产品持续稳定和高质量供给的最佳选择。世界主要渔业发达国家在深远海养殖装备研发与实践方面有过探索，包括挪威、美国、瑞典、西班牙和智利等国家。

大型网箱和养殖平台是世界渔业发达国家开展深远海养殖工程设施与装备研发的主要技术方向。在现代科技发展条件支撑下，渔业发达国家的大型养殖网箱自动化程度实现快速发展，尤其是信息化技术的研发与应用，显著提高了深远海养殖生产效率，使生产过程得到有效的管控。1986 年，Bridgestone 网箱在开放海域（深远海）获得成功应用。1988 年，挪威在距诺德兰德海岸 4 海里的罗弗敦群岛水深 250

米的开放海域布设20只网箱，养殖获得成功。1988年，一座被称为"Viking Sea"的可移动式深远海养殖平台下海，其设计是通过强大的支撑结构抵御海上风浪等的侵袭，实际上没有成功。1990年，有人设计了一种锚张式半潜深海养殖网箱，在操作过程中尤其是在高海况条件下未能实现设计操作。2004年，以色列开发了一种柔性球形深水网箱，该网箱设计成球形的目的是减轻海流对其的压力，在没有配备其他任何机械装置的情况下可以避免恶劣天气对网箱结构的破坏，尤其是能够根据天气情况使整个网箱降到水面以下60米处，有效降低海上狂风巨浪的影响。由于该网箱仅有一个固定系泊点，因此可以在其固定范围内成环形漂移运动，帮助减轻网箱表面和网箱内水质的污染，提高养殖生产安全水平。2012年，国际铜业协会与智利铜合金水产养殖系统开发公司（EcoSea）共同开发了铜合金网箱，该网箱规格为30米×30米×11米，使用了13吨铜合金，养殖容量为10 000米^3，可以放养5.25万尾大西洋鲑，该网箱能够在保持自然清洁的情况下，为养殖鱼类提供一个抵御猎食者的坚强堡垒。2012年，德国GAATEM公司历时4年开发出了一种被称为BECK-Fish的可移动下潜式圆柱形养殖网箱。该养殖网箱能抵抗高达26米的海浪，因此能够适应全球范围内的所有海域。欧洲正在实施的"深远海大型网箱养殖平台"工程项目，整合了大型网箱技术、海上风力发电技术、远程控制与监测技术、优质苗种培育技术、高效环保饲料与投喂技术、健康管理技术等，形成综合性深远海网箱养殖工程技术体系。

养殖工船是开展深远海养殖的另一个技术研发应用方向。20世纪80—90年代，渔业发达国家开始探索研发养殖平台，具体包括浮体平台、船载养殖车间、船舱养殖以及半潜式网箱工船等形式，并取得了一定的成果，为这些装备平台实现产业化发展储备了大量技术资源。由西班牙负责设计、欧洲渔业委员会建造的半潜式养殖工船，其长度为189米，宽56米，主甲板高47米，航速8节，养殖容量为120 000米^3，可到达渔场接运活捕金枪鱼400吨，开展养殖生产（养殖密度＜4.2千克/米^3）、加工再销售。法国与挪威在布列塔尼地区合作建造了一艘长度为270米、排水量为10万吨的养殖工船，养殖水体容量为70 000米^3，并可利用信息控制技术实现在20米深处换水150吨，大幅缩减劳动力需求，定员仅为10人，年可产大西洋鲑3 000吨。西班牙养殖工船采用了双甲板结构设计，并配备了海水过滤系统，在生产方面兼具了鱼苗孵化和养殖的双重功能，可养殖 300 吨左右的亲鱼（4 千克/尾），其中 200 吨放养在 60 000 $米^3$的水箱中，其余的 100 吨养在控温箱中，实现了鱼苗繁育与养殖生产的一体化操作。日本长崎的“蓝海号”养殖工船，船长 110 米，宽 32 米，能够抵抗 12.8 米的海浪，配备 10 个养殖鱼舱，养殖容量为4 662$米^3$，可投放鱼种 20 000 尾，年产量约 100 吨。

（二）养殖装备分类与典型设计

国际海事船级社协会（CCS）曾试图对这些深远海养殖装备进行分类，但这些尝试都采用了海上油气资源开发行业的标准，因此并不完全适用于鱼类网箱养殖装备。从目前深远海养殖发展的实际条件而言，深远海养殖装备可以分为开放式网箱系统和封闭式养殖系统。

1. 开放式网箱系统

开放式网箱系统在海水鱼类养殖方面得到广泛的应用。在挪威，设计回收期为 50 年的开放式网箱系统通常被放置在有效波高 2～3 米的海域，根据其波浪等级划分，该海域应该属于部分暴露等级。

（1）浮式柔性网箱　柔性网箱发明于 20 世纪 70 年代，目前在日本、西欧、北美、南美、新西兰、澳大利亚等国家和地区广泛使用。HDPE 是现代工业化鱼类养殖中经常使用到的材料，主要用于框架制作，以提供浮力支撑。将可漂浮的管材通过各种方式进行组装，形成一个浮框，这是浮式柔性网箱的主要结构，同时配以网衣和锚泊系统。管架由带有立柱的一系列支架固定在一起，分布在框架边缘用以悬挂养殖网衣。浮式柔性网箱具有高弹性，可以抵抗波浪冲击，一般使用寿命超过 10 年（图 2-1）。

浮式柔性网箱的典型代表是 1974 年在挪威发明的一种 HDPE 框架圆形网箱——Polar Cirkel Cage。20 世纪 80 年代，该类型网箱的周长仅 40 米，深度为 5 米；到 90 年代初周长提高到 60 米，深度达到 10 米；90 年代末，周长进一步增加至 80 米，深度 15 米；进入 21 世纪初，周长达到 120 米，深度 20 米；目前周长已达到 240 米左右。

（2）浮式刚性网箱　浮式刚性网箱装配了坚固的框架结构，在强度、稳定性和浮力方面具有明显的优势。浮式刚性网箱一般采用钢材制造成大型框架结构，并且配备了各种与养殖生产相关的管理辅助设

图 2-1　浮式柔性网箱

（改自 Chu Y I，Wang C M，Park J C，et al.，2020）

施，例如饲料库、收获起重机和燃料库等。该网箱的优点是可以为水产养殖生产管理提供稳定可靠的操作平台、集成式自动投喂和收获系统，且建造和设施维修便利，一般在传统的造船厂即可完成；缺点是需要建造大型重型结构，需具备良好的港口设施条件和/或需花费高昂的拖航安装费用，极端条件下网箱结构易被破坏，需配备与超大质量装备相匹配的系泊系统，造价高。

浮式刚性网箱的典型代表有 Havfarm、JOSTEIN ALBERT、Pisbarca 和 Seacon。

Havfarm 全长 430 米，宽 54 米，可容纳 10 000 吨大西洋鲑（超过 200 万尾）。该装备设计为钢架构，在表面建造 6 个 50 米×50 米的箱体，箱体深度为 60 米，布设在挪威哈德瑟尔区域，进行深远海大西洋鲑养殖作业。该网箱的成功建造预示着 Havfarm 从概念设计走向了实际生产试验阶段。

JOSTEIN ALBERT 由 Nordlaks 和 NSK Ship Design 两家单位共同开发设计，烟台中集来福士海洋工程有限公司进行基础设计、详细设计和总装建造。该船全长 385 米，型宽 59.5 米，总面积约等于 4 个标准足球场，由 6 座 50 米×50 米深水智能网箱组成，可下潜至 60 米深度。该工船是全球首艘通过单点系泊系统进行固定的养殖装备，日常运营中，工船会随着海水流向围绕系泊系统 360°旋转。该工船符合全球最严苛的 NORSOK（挪威石油工业技术法规）标准，入级挪威船级社，适应挪威峡湾外的极寒气候和恶劣海况，涂装工艺设计寿命为 25 年。该工船造价约合人民币 6.78 亿元，养殖规模 10 000 吨（约合 200 万尾大西洋鲑）。

Pisbarca 由西班牙的一家公司建造。该装备是一个具有 7 个箱体的六边形钢结构，总容积为 10 000 米^3，年均生产能力为 200 吨鱼（图 2-2）。

图 2-2　在建中的 Pisbarca
（改自 Chu Y I，Wang C M，Park J C，et al.，2020）

Seacon 于 1987 年在西班牙建成，该装备由一个六边形的浮船结构和一个轻集料混凝土甲板结构组成，还具有相互分开的钢管柱，并在顶柱和底柱之间预拉伸了对角和垂直支柱（图 2-3）。

（3）半潜式柔性网箱　半潜式网箱的特点是在遇到大风或风暴潮等恶劣天气情况下，能够从海面下沉到水下一定的深处，以躲避台风的影响，减少损失。但是，由于该网箱需要上下沉浮操作，因此增加了网箱设计、建造的复杂性和难度，造价也相对较高。

海洋圆柱网箱也被称为海洋平台网箱，是半潜式柔性网箱的典型代表，由美国制造，其由 4 根 15 米长的钢制圆柱和 8 条 80 米长的钢丝边围成，圆柱依靠锚和网直立固定。网是用一种叫做“DYNEEMA”的纤维制成的无结节网衣。在恶劣天气情况下，海洋圆柱网箱能够完

图 2-3　Seacon 装备示意图
（改自 Chu Y I，Wang C M，Park J C，et al.，2020）

全沉入水面以下。由于圆柱浮力的变化，升降过程非常容易，在遇到紧急情况时，整个升降过程仅需要 30 秒即可完成，从而有效地躲避风险。

（4）半潜式刚性网箱　半潜式刚性网箱采用刚性框架单元设计，以阻止网箱在波浪和水流的作用下发生移动和容积变化。通常情况下，该网箱采用钢制框架结构，并装配有可调压载舱，以升高或降低平台系统，躲避台风等恶劣天气影响。由于其结构采用了刚性框架，因而可以在其平台上配备相关的生产管理服务设施，例如自给式投喂系统。半潜式刚性网箱由于质量较大，设计重心较低，因而其垂直运动相对较小。同时，该装备可以根据自然周期规律改进设计，避免波浪的共振效应。在台风等灾害性天气来临时，该网箱可以通过潜入水面以下来减少波浪对网箱框架和养殖生物的激振力，提高装备的安全性，但造价成本高昂。

Farmocean 网箱是瑞典研制的半潜式刚性网箱，该网箱整体呈腰鼓形，结构上分为上下两个部分。上半部分的圆台上装有浮管的 6 根辐条与主浮环连接形成网架；下半部分是主网箱，由 2 个六边形圆台在主浮环处垂直复合而成，形如坛子。该类型网箱的容积不等，包括 6 000 米^3、4 500 米^{3}和3 500米^{3}等规格，可根据实际生产需要进行设计和建造。同时，该网箱针对深海条件，使用了沉环装置，可以使沉力均匀地分布在环形圆面上，以防止强水流造成网衣变形，网箱的稳定性好。Farmocean 网箱能够抵御较大的风浪，可以承受 10 米以上的浪高，网箱系统装配有利用波浪能量的装置以及自动投饵系统。世界上第一个

Farmocean 网箱于 1986 年制成，并在北欧和地中海等多个地区使用。

Trident 网箱平台是由加拿大针对其东海岸冬天海面上的流冰而进行研发设计的。网箱的形状接近橄榄球形，框架是由中间填充泡沫的延展性良好的铝管制成，网衣直接附着在该框架上。该网箱平台可以旋转，从而可以卸掉部分载荷，以降低网箱的整体受力程度，减少网衣的变形。最大容积为 10 000 米^3，可抵抗 3.5 米的浪高。

Ocean Farm 1（海洋渔场 1 号）由挪威萨尔玛集团（SalMar）设计，中国船舶重工集团武昌船舶工业有限公司总承包建造，该装备是世界首座、规模最大的半潜式深海“渔场”，集挪威先进养殖技术、现代化环保养殖理念、世界顶端海工设计和现代化的全自动深海养殖装备于一身，为该领域全球首例研发项目。该项目于 2017 年 6 月 3 日在青岛顺利交付。该装备容量约 25 万米^3，相当于 200 个标准游泳池，设计年可养殖 150 万尾大西洋鲑（设计死亡率低于 2%），每尾质量约 5 千克，年产量 7 500 吨。

（5）全潜式网箱　全潜式网箱的正常工作条件是在危险水面以下合适的水深，该系统也可以根据需要临时上升到水面以上，例如必要的设备维护以及养殖鱼的收获。关于全潜式网箱已经有多种设计方案，一些探索性试验或商业系统已经建设完成。

全潜式网箱系统的代表性设计案例有 Sadco、AquaPod 和 NSENGI 下潜式网箱。

Sadco 系统由俄罗斯设计，并自 20 世纪 80 年代以来一直在改进（图 2-4）。该系统于 1995 年开始在里海、黑海和地中海使用。该网箱能抵抗 15 米的波高，容积为 2 800 米^3。意大利三家海水养殖公司从俄罗斯引进了 Sadco 网箱系统。其中，第一套网箱于 1995 年安装在 Marina di Camerota（地名）附近 45 米深的水下；第二套网箱位于 Maratea（地名）附近，1997 年 Garum 养殖场安装了该系统，养殖者可利用水下摄像机远程监测网箱和鱼的状态，图像还可以被储存在电脑中；第三套网箱位于奥尔贝泰洛（Orbetello）附近，安装使用的是 SADCO-2000 E 型网箱，这种类型的网箱具有 2 000 米^{3}的养殖容量和 4 000升的饵料舱，该养殖场也使用了一套带水下摄像和由陆基电脑控制的计算机投饲系统。

AquaPod 由美国海洋农场技术公司开发。该系统属于两点式锚泊

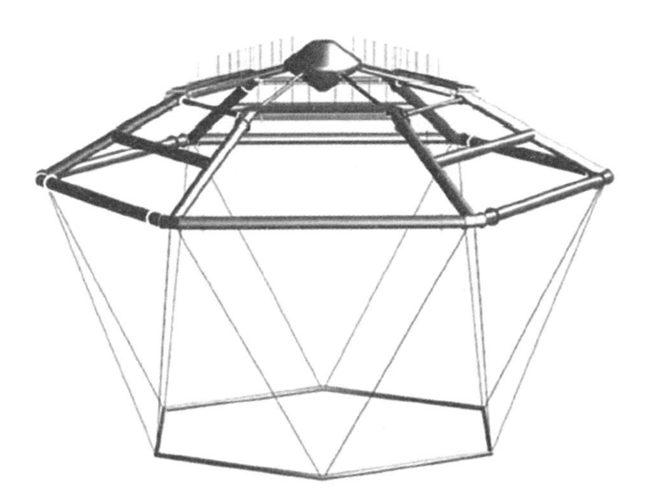

图 2-4　Sadco 网箱系统示意图

（改自 Chu Y I，Wang C M，Park J C，et al.，2020）

系统，由很多三角形的面板镶嵌而成，拼合成一个直径 8～28 米的大球体。在养殖网箱能够感应到的范围之内，养殖者可以在船上对其进行遥控和驾驶。目前正考虑在该养殖网箱上配备浮标，通过导航定位系统使养殖者在岸上就可以监测养殖网箱的有效行速等状况。该系统还具有自动清洗网衣和清除死鱼等高级操作功能。

新日铁住金工程有限公司已经在距日本鸟取县境港 3 千米的鲑养殖场进行了大型全潜式网箱——NSENGI 的离岸验证测试。网箱容积为 50 000 米^3，可抵抗 7 米浪高和 2 节流速。该网箱由自升式平台提供服务，并为自动投饲系统配备了饲料贮存设施。

2. 封闭式养殖系统

为了控制养殖水质与生产过程，20 世纪 90 年代，封闭式养殖系统作为一种新的养殖方式被引入海上设施养殖。在过去一段时间，这种封闭式养殖系统通常被放置在陆基环境中，并辅以循环水系统。为保护养殖鱼类免受海虱和其他寄生虫的影响，浮式封闭式养殖系统被引入深远海养殖领域。该系统通过流通装备持续补充养殖用水，有助于保持适当的温度和充足的氧气，且有利于清除废弃物。

浮式封闭式养殖系统的优势主要表现为：通过控制水交换保证进入该装备的养殖用水得到持续消毒，以免水体中病原生物对养殖生物产生影响。养殖环境外的水体条件变化将不再会对养殖生物产生影响，例如藻类暴发等。在尾水排放到大海之前，养殖过程中产生的有机污染物通过生物过滤系统予以清除。食肉动物（例如鲨鱼和海豹）的威胁也完全消除。与开放式网箱系统相比，该养殖装备的控制和输入性能更强，并能优化各项指标的物理参数以达到最大生产率的目标。当然，该养殖装备也存在以下劣势：当该装备部署在深远海位置时，需要配备电源供给系统，如果从陆地传输电力给该系统以开展深远海养殖，生产成本将会明显增高；另外，该装备需要投入大量的建造成本和设备成本，满足更多的管理要求以开展生产过程监测和干预，以及降低内部水体晃动对养殖装备结构和鱼类的影响。

浮式封闭式养殖系统案例——蛋形养殖器，由 Hauge Aqua 使用完全封闭的蛋形结构开发（图 2-5）。该系统能够将水流隔离，即进水与废水排放隔离。进水管道通过 2 个主泵从水面以下 20 米处取水，水质和取水量都得到了较好的控制，以确保稳定的溶解氧水平。该装备造价约为6 000万美元。

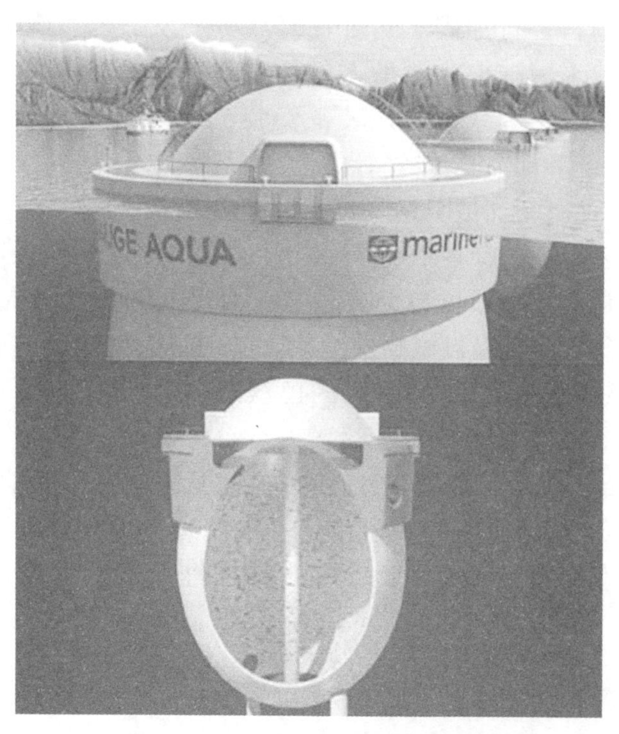

图 2-5 浮式封闭式养殖系统示意图
（改自 Chu Y I，Wang C M，Park J C，et al.，2020）

挪威美威集团（Marine Harvest ASA）是全球最大的大西洋鲑供应商，该集团设想在即将废弃的集装箱运输船中养殖大西洋鲑。集装箱运输船中有许多不透水的货舱，可以在里面养殖大西洋鲑，而且当顶部的舱口盖关闭时，可以起到保护养殖鱼类的作用。船上的相关设施也是养鱼的关键，例如水泵和电源供应系统等。据测算，通过增加水箱、调整水泵等改造以使其满足大西洋鲑养殖条件，费用需要250万～500万美元，与2～3年空船航行进行一般维护和保养、雇佣骨干船员并将它们留在港口所需的成本比较，该运输船改造成养殖装备的费用要低得多。

Neptun由挪威Aquafarm Equipment公司开发。该装备的内径为40米，周长为126米，深度为22米，总容积为21 000米^3，能够适应风速30米/秒、水流速度1.0米/秒，可以抵抗有效波高2.0米的海浪，设计寿命25年。制作该装备的原材料是玻璃纤维增强聚合物（fibre reinforced polymers，GFRP）元件，并将其承受最大应力的区域用钢材进行加固。同时装配了一个泵系统，能够从水深25米或者更深的水域抽取大量的养殖用水。为了从带有倾斜度的底部收集养殖鱼的粪便和残饵，该装备安装了一根软管从底部连接到废物分离器。

Eco-Ark是由新加坡AME2 Pte公司开发设计的一种浮式封闭式养殖系统。该装备含有多个安全壳，可通过供水系统实现连通，顶部安装有太阳能电池板，可以为养殖生产环节提供电力支持。Eco-Ark通过形成一个与浮船坞设施相连的船队实现了大量鱼类的养殖和加工（图2-6）。该装备在印度尼西亚的巴淡岛（Batam Island）建造，于2019年8月在新加坡海域安装部署。

Marine donut是由挪威美威集团设计开发的一种封闭式养殖系统。Marine donut中的每个单元能够容纳200 000尾大西洋鲑。2019年，挪威渔业局批准了将1 100吨大西洋鲑用于测试该设计可行性的计划。

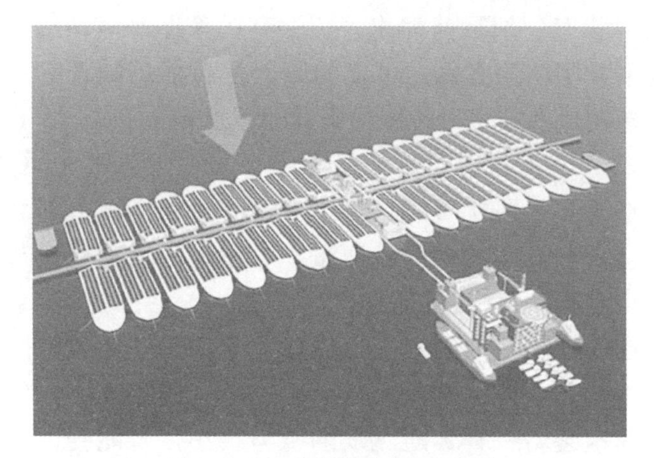

图 2-6 Eco-Ark 养殖装备示意图
（改自 Chu Y I，Wang C M，Park J C，et al.，2020）

二、现状与发展态势分析

（一）发展现状

随着深远海养殖业的不断发展，在距离岸线相对较远海域使用的浮式柔性网箱数量有所增加，单个网箱可养鱼的数量达到 435 000 尾。通常一组浮式柔性网箱（12 个网箱）最多可养 500 万尾鱼。一些专门针对深远海海域条件设计制造的 HDPE 圆形网箱经受住了 4.5 米浪高的海况条件。然而，目前尚缺乏充足的经验或理论数据来确认这些圆形柔性网箱能否在极端海况条件下依然安全。浮式柔性网箱尚未部署在高度暴露海域，预计在巨浪影响下，该类网箱可能会发生变形、立柱和连接装置损坏以及养殖空间压缩等情况。因此，浮式柔性网箱一般会被部署在极端风暴天气较少发生的海域。

半潜式刚性网箱因其结构坚固和具有在恶劣海况条件下可下潜的特性而受到普遍欢迎。挪威等国家和地区已经开始使用半潜式平台开展深远海养殖的项目，例如位于距离挪威中部海岸约 5 千米的海弗鲁湾海域的海洋养鱼平台——海洋渔场 1 号（Ocean Farm 1）。半潜式柔性网箱和全潜式网箱都能在高度暴露海域中保持安全，这是因为通常情况下，这些网箱装备的容积都比较小。由于养殖容积的限制，半潜式柔性网箱和全潜式网箱难以扩大到能够建立盈利模式的规模。这种容积尺寸限制是由于难以通过使用张力系泊缆绳系统在高频运动中保持网箱处于张力状态。到目前为止，还没有在深远海海域部署半潜式柔性网箱和全潜式网箱的案例，可能的原因是目前仍缺乏管理此类网箱装备的远程控制成熟技术以说服投资者和经营者。

关于浮式封闭式养殖系统的研究结果表明，海浪是主要的挑战。由于这种类型的装备是封闭的，因此其内部的水会被迫随装备一起移动，同时也会增加养殖装备的总质量。总质量的增加导致与系统加速度相关的力也会相应地增加，影响装备安全。

被封闭在养殖装备内的水产生的相关动荡效应导致封闭空间内未含水部分发生晃荡响应。在没有任何内部结构的水箱中，就像大多数封闭式水产养殖装备一样，对晃动的阻力很小，可能会产生很大的响应。晃荡运动对养殖鱼类的健康可能有潜在的不利影响，还会影响整个养殖装备的水平运动，并在养殖装备壁上产生应力。因此，常规的柔性网箱几乎不会发生共振问题，但封闭式养殖装备系统则在共振方面存在巨大挑战，尤其是与晃荡运动相关的共振。

不同类型的深远海养殖装备运营成本有所差异。尽管在深远海海域开展水产养殖存在一定的风险，但开发设计满足利益相关者要求的深远海养殖网箱装备是备受关注的方向，深远海养殖网箱应具备以下特点：能够被放置在高海况环境中，且具有最佳的养殖条件；在长期的操作过程中，能够保持结构的完整性和耐用性；能够确保养殖鱼类的福利，以及在深远海海域开展养殖生产的渔民的安全；规模化养殖具有明显的经济性。

经石油和天然气行业长期实践证明能够在深远海环境中经久耐用的装备设施，可将其应用于水产养殖业。但是，深远海养殖装备设施需要面对更大的挑战，因为新建或改造后的装备设施还要满足养殖鱼类的福利需求。例如，对于开放式网箱系统而言，利用海上石油和天然气平台开展深远海养殖的选址就受到一定限制，因为其不能保护养殖鱼类免受高能量海洋环境的影响。为了减少或者突破这种限制条件，建造浮动防波堤是重要的解决方案之一，但其建设成本高昂，可能会影响整个项目的投资回收期。虽然封闭式养殖系统设计可能是保护养殖鱼类免受高能量环境侵害的一种方案，但前提是要解决养殖装备安全和晃荡对养殖鱼类的影响。

与传统的近岸养殖项目相比，深远海养殖项目的投资和运营成本要高得多。为了使深远海养殖项目在经济上具有可行性，就必须扩大养殖规模，有时甚至要达到近岸养殖项目数倍的规模水平，才能实现规模经济和大量养殖鱼类的生产供给。降低深远海养殖项目的成本还有一种方法，即将深远海可再生能源开发项目与水产养殖项目布局在一起，从而有助于分担浮动平台和系泊系统的成本开支。此外，深远海可再生能源开发项目可以通过海水淡化过程为水产养殖活动提供淡水和必要的电力供应，并通过水分解为养殖设施提供氧气。浮动平台能够容纳养殖鱼类所需的饵料仓和相关设备，从而有助于减少鱼饲料的运输成本和辅助船的使用。

（二）发展态势

在深远海养殖的探索和创新发展过程中，不断融入先进的设计理念和装备建造技术，跨界成为未来发展主要态势。

1. 养殖容积不断扩大

规模经济是发展深远海养殖的重要条件。目前深远海养殖装备（如 Havfarm 1）的养殖容积已经达到 44 万$米^3$，可养殖规模达 1 万吨的大西洋鲑，相当于 40 个 HDPE 网箱的产量，规模化特征优势明显。

2. 高海况环境适应性更强

为应对复杂海况条件，确保生产安全与经济性，深远海养殖装备适应高海况环境条件的能力不断增强。AquaPod 采用的球形设计理念，能够适应有效波高为 15 米的海浪条件，并且可以将远离岸线的距离延伸至 20 千米。

3. 新型材料不断得到应用

随着深远海养殖装备的新设计不断涌现，其建造工艺和选择范围也不断拓展，新材料广泛应用。为确保恶劣海况下的运营安全，低合金钢中低温韧性等级最高的 FH36 级钢板应用于 Havfarm 1 的纵向舱壁关键部位；轻质刚强的玻璃纤维增强聚合物（GFRP）应用于 Neptun 的建造；铜合金网材料的应用有效解决了养殖装备网体的污损生物附着等问题。

4. 智能化程度不断提高

信息化、自动化技术替代人工是深远海养殖装备的显著特点。海洋渔场 1 号是世界首座半潜式智能海上渔场，安装有各类传感器 2 万余个、监控设备 100 多个，在鱼苗投放、喂食、实时监控、网衣清洗等方面都实现了智能化和自动化。

第二节　国内发展

一、中国海域环境条件概况

中国海域大陆架比较广阔，渤海和黄海的海底全部、东海海底的大部分和南海海底的一部分，都属浅海大陆架。领海由渤海（内海）和黄海、东海、南海三大边海组成，东部和南部大陆海岸线 1.8 万千米。内海和边海的水域面积约 470 万千米^2。海域分布有大小岛屿 7 600 个，其中台湾岛最大，面积为35 798千米^2。地理上 4 个海区南北跨越近 40 个纬度，占 3 个气候带，灾害性天气多发，波浪、潮汐、潮流、海流等外动力活跃。

（一）渤海环境条件

渤海位于辽东半岛老铁山角到山东半岛北岸蓬莱角的渤海海峡以西，与黄海水域相通，有庙岛群岛绵亘峡口，面积 7.7 万千米^2，平均水深 18 米，最深处 70 米。渤海地貌分为辽东湾、渤海湾、莱州湾、渤中洼地和渤海海峡。辽东湾沉积物为黏土质粉沙；渤海湾地形平缓；莱州湾地形平缓，海湾中部沉积物为黏土质粉沙；渤中洼地水深 20～25 米，地形平坦，沉积物以粉沙黏土为主；渤海海峡宽 104.3 千米，北部老铁山水道深 50 米，最深 84 米，沉积物以细沙、砾沙为主，局部有黄土。渤海地壳沉降运动明显，历史上发生多次 7 级以上地震。冬季寒潮大风和夏季台风都能引起风暴潮，老铁山水道潮流流速可达 5～6 节，辽东浅滩处流速 1～2 节。

渤海冬季（2 月）表层水温为－1.5～3.6℃，等温线分布与等深线分布基本一致；春季（5 月）沿岸水温为 14～17℃，中央水温为 10～12℃；夏季（8 月）水温为 24～27℃，辽东湾北部、渤海湾、莱州湾的水温为 26～27℃；秋季（11 月）表层水温为 12～18℃，其中辽东湾湾顶水温最低，仅为 8～9℃，渤海湾、莱州湾和渤海中央水温分别为 10～12℃、12～13℃和 13℃。

渤海盐度年平均值约为 30.0，是中国海域盐度最低的海区，其中中部及东部受黄海暖流余脉高盐水支配，盐度分布特征为：中央、东部高，向北、西、南三面逐渐降低。

渤海冬季（1月）海面月平均风速为5～7米/秒，春季（4月）海面月平均风速为4～5米/秒，夏季（7月）海面月平均风速为4～5米/秒，秋季（10月）海面月平均风速为5～6米/秒。

渤海大部分海域属于不规则半日潮类型，在秦皇岛附近有一小块区域为规则全日潮和不规则全日潮。渤海最大可能潮差为2～5米，其中渤海中央潮差为1.5～2.0米，辽东湾及渤海湾湾顶最大可能潮差可达4米以上。

（二）黄海环境条件

黄海北起鸭绿江口，南以长江口北岸向济州岛方向一线同东海分界，西以渤海海峡与渤海相连。平均水深44米，最深处140米，面积38万千米^2，海床为半封闭型浅海大陆架。北黄海东部的西朝鲜湾是世界著名的强潮区之一，NE—SW向往复潮流流速达2～3节，沉积物为细沙和中细沙。南黄海俗称“黄海槽”，北部深70米，南部深80～100米。南黄海中部地势平坦，沉积物为粉沙质黏土，大部分水深为70米。黄海地处板内，地震活动较弱，但在南黄海两个盆地边缘和沿岸带有5～6级地震活动。黄海潮流比较复杂，东北部出现世界著名的强潮区，西南部形成放射状潮流场。黄海海流和海洋锋随季节变化明显，海洋沉积分布复杂。

黄海冬季（2月）表层水温为0～13℃，南北地区差异明显，黄海北岸水温为0～2℃，有结冰现象，西岸水温为2～5℃，东岸水温为3～7℃，东岸水温高于同纬度西岸水温；春季（5月）西岸水温为13～17℃，东岸为8～10℃；夏季（8月）水温为24～27℃；秋季（11月）北黄海水温为15～16℃，北岸水温为12～13℃，其他海域水温为13～14℃。

黄海海域盐度状况主要由黄海暖流高盐水的消长决定，除鸭绿江口附近水域盐度较低外，其盐度年平均值为30.0～32.0。

黄海冬季（1月）海面月平均风速为6～8米/秒，春季（4月）海面月平均风速为5～6米/秒，夏季（7月）海面月平均风速为4～6米/秒，秋季（10月）海面月平均风速为4～7米/秒。

黄海没有规则全日潮和不规则全日潮类型出现，其大部分海域为半日潮，除成山角以东到长山串一带及海州湾以东有一小块海域为不规则半日潮类型外，黄海其他海域均为规则半日潮类型。黄海中央及山东半岛北岸最大可能潮差在 2～3 米，朝鲜半岛西岸潮差最大，例如西朝鲜湾和江华湾湾顶最大可能潮差达 8 米以上。

（三）东海环境条件

东海北起长江口北岸至济州岛方向一线，南以广东省南澳岛到台湾岛南端一线为界，东至冲绳海槽（以冲绳海槽与日本领海分界），正东至台湾岛东岸外 12 海里一线，面积 77 万千米^2，其中大陆架 52.3 万千米^2，冲绳海槽 22.85 万千米^2。东海由西向东分为 4 个构造单元，分别是：浙闽隆起、东海陆架盆地、钓鱼岛隆起和冲绳海槽盆地。东海陆架盆地地壳厚度 28～30 千米，冲绳海槽盆地地壳厚度 15～17 千米，海底热流值高，火山地震活动强烈。陆架外缘转折处水深 150～160 米，最浅 142 米，最深 181 米。在舟山群岛向南的浙、闽沿岸的大陆架上，有一个与海岸平行的窄长带状的岸坡地形，长约 1 000 千米，北宽南窄，宽为30～60 千米，由北向南沉积物由黏土质粉沙变为粉沙质黏土。东海外陆架平原上，从济州岛之南到台湾海峡北口的 50～115 米水深处广泛发育潮流沙脊群，面积约 10 万千米^2，沉积物主要是细沙，少数中细沙。东海东部新构造运动比较强烈，台湾东部、西部两个地震带和东南沿海地震带是中国东南沿海地区的三个重要地震带。东海陆架内部地震活动较弱，但近岸和东部都有较强的地震活动。东海气象水文因素季节性变化较大，平均每年5～6 个台风入境，在沿岸造成潮灾。黑潮及台湾暖流是东海重要的海流系统，在浙闽岸外沿岸流和海洋锋对内陆架的泥质沉积和外陆架残留沉积的分界有重要影响。

东海冬季（2 月）黑潮区水温为 20～23℃，东北部水温为 12～19℃，西部的浙闽沿岸水温为 9～12℃，台湾海峡水温为 12～23℃，台湾以东海域水温为 23～25℃；春季（5 月）东北部水温为 17～23℃，西北部水温为15～17℃，浙闽沿岸水温为 18～23℃，台湾海峡水温为20～27℃，黑潮区水温为 24～26℃，台湾以东海域水温为 27～28℃；夏季（8 月）表层水温为26～29℃，黑潮区水温为 29℃，台湾海峡水温为 26～29℃，台湾以东海域水温为 26～28℃；秋季（11 月）表层水温为 17～26℃，其中西侧水温为 17～22℃，台湾海峡表层水温为 20～26℃，台湾以东海域水温较高，约为 26℃。

东海海域盐度年平均值为 33.0，高于黄海，其中黑潮区盐度达到

34.0，而长江口附近水域盐度一般在22.5以下。台湾以东海域属于高盐区，其盐度年平均值为34.5。

东海冬季（1月）海面月平均风速为8～10米/秒，春季（4月）海面月平均风速为5～7米/秒，夏季（7月）海面月平均风速为5～7米/秒，秋季（10月）海面月平均风速为6～11米/秒。

东海东、西两部分的潮汐存在显著差异。整体而言，从南澳岛开始，向东到高雄以北的永安附近连线，然后再从台湾岛东北角开始至济州岛西南端连线为界：该线以西为陆架区，除镇海、舟山群岛附近为不规则半日潮类型外，其余海域均为规则半日潮类型；该线以东，例如济州岛、九州西南及琉球群岛一带，均为不规则半日潮类型。台湾以东、以南及西南海域均为不规则半日潮类型。台湾海峡的潮汐类型以澎湖列岛一线为界：该线以北为规则半日潮；该线以南为不规则半日潮。由于东海是一个开阔的边缘海，其潮差自东向西逐渐增大，其中朝鲜海峡附近最大潮差为1～3米，九州西岸为2～3米，琉球群岛一带潮差仅为1.5米左右；东海西岸的浙闽一带潮差为4～7米；杭州湾的澉浦潮差可达8.93米；台湾海峡的潮差分布是西岸大于东岸，其中西岸潮差为4～6米，东岸潮差为4米左右。

（四）南海环境条件

南海的海底是一个巨大的海盆，海盆的山岭露出海面就是中国的东沙群岛、西沙群岛、中沙群岛和南沙群岛，这些海底山岭是中国大陆架的自然延伸。南海总面积350万千米^2，平均水深达1 212米，最深点马尼拉海沟东南端达5 377米。南海从周边向中央倾斜，依次分布着大陆架、大陆坡和深海平原海盆，面积分别占48.14%、36.12%和15.74%。南海北部陆架包括北部湾和广东陆架。北部湾属于半封闭海湾，湾内发育树枝状陆架谷，中部水深50米的海域有残留沙平原。海南岛和雷州半岛之间的琼州海峡，水深达120米，潮流流速达5～6节。内陆架为现代泥质沉积堆积平原，沉积物以黏土质粉沙为主，外陆架沉积物主要为细沙。南海东部板块边缘新构造活动最为强烈，地震震级大，周期短，震中分布密集；北部近岸海区属于强活动断裂，有6～7级地震；北部陆坡有活动断层，有5～6级地震。南海地形坡度大，地震容易诱发滑坡、浊流。南海气象水文条件复杂，台风是主要的灾害性天气，平均每年有10个强热带风暴和台风出现。风暴潮和风暴浪对海底稳定性有巨大影响。南海冬季（1 月）气温为 15～27℃，春季（4 月）气温为 21～28℃，夏季（7 月）气温为 28～29℃，秋季（10 月）气温为 26～28℃。

南海冬季（2 月）表层水温为 20～28℃，一般而言，在 17°N 以北海域水温低，并且水平温差大，在 17°N 以南水温高且水平温差小；春季（5 月）沿岸水温上升至 24～26℃，外海水温上升至 27～28℃，粤东水温为 24℃，粤西水温为 27℃，北部湾水温为 26～28℃；夏季（8 月）北部水温为 27～29℃，中部、南部水温为 29～30℃，等温线分布均匀但较为零乱，北部湾北部、南岸浅水区水温可超过 30℃；秋季（11 月）表层水温为 23～26℃，其中，中部水温为 26～27℃，南部水温为 28～29℃。

南海海域盐度年平均值为 34.0，其北部沿岸表层盐度较低，等盐线较为密集。南海外海，尤其是南海海盆，主要受太平洋高盐水控制，盐度终年较高，且分布较为均匀，不同区域的差异较小。

南海冬季（1 月）海面月平均风速为 5～10 米/秒，春季（4 月）海面月平均风速为 3～6 米/秒，夏季（7 月）海面月平均风速为 4～7 米/秒，秋季（10 月）海面月平均风速为 4～10 米/秒。

南海的潮汐类型分布错综复杂，几乎没有规则半日潮发生，主要为规则全日潮和不规则全日潮，且有显著的日不等现象。其中广东汕头附近、巴士海峡等为不规则半日潮类型；北部湾北部等海域为规则全日潮类型，其余南海海域均为不规则全日潮类型。南海北部西岸潮差大于东岸潮差，大鹏半岛至雷州半岛一带潮差为 2～3 米；北部湾的南部潮差为 2 米左右，北部湾湾顶潮差达 6 米；南海中部东、西两侧潮差一般在 1～2 米；南海南部潮差地理分布较为复杂。

二、设施技术与模式发展历程

中国关于深远海养殖的探索始于 21 世纪初期：一方面引进国外深水网箱，通过技术改进与创新，将网箱装备投放海域逐步推向远离岸线的位置；另一方面是结合其他国家关于深远海养殖装备的创新设计，提出适合中国海域发展与布设的深远海养殖装备。总体而言，中国深远海养殖正处于探索与积累经验的阶段，其成熟发展还需要一段时间的考验。

（一）主要装备研发的发展过程

1. 网箱养殖创新设计与研发

中国的深远海养殖探索始于海水网箱养殖。20 世纪 70 年代，广东省、福建省开始从香港引入仅具有简单结构的海水网箱，开始网箱养殖探索，生产效益明显，使其迅速扩大。由于网箱设备简陋，抗风浪能力差，生产布局主要集中在近岸海域，恶劣海况、环境影响等制约了这种传统网箱的发展。

提高抗风浪能力、适应复杂海况成为网箱的技术研发与设计方向。1998 年，中国从挪威引进了深水抗风浪网箱，安装布置于海南临高新盈后水湾水域。之后，深圳、舟山等地开始从国外引进多种类型的深水网箱，进行生产性养殖试验。深水网箱成为产业界、科技界和政府部门共同关注的焦点，先后通过国家“863”计划、国家科技攻关计划以及各省科技项目支持深水网箱的研发，其中以中国水产科学研究院南海水产研究所等单位的科研人员为代表，根据中国相关海域海况特点、养殖对象的生物特征及海水养殖主体的经济投资条件等情况，于 2002 年自主研发设计了第一套深水网箱——升降式抗风浪海洋养殖网箱（CN02226009），并在深圳鹅公湾海外投放试验成功。该网箱采用高密度聚乙烯（HDPE）材料制作，主要由网箱、网囊、锚泊系统等组成，直径 13 米，网囊高 10 米，养殖有效容积约 980 米^3，抗风能力达 12 级，抗浪 5～7 米，抗流 1 米/秒，下潜 10 米水深需时约 20 分钟。

在第一套深水网箱研发基础上，“HDPE 圆形双浮管升降式”“HDPE 圆形双浮管浮式”“钢质碟形升降式”“大型软体浮绳式”等多种类型的深水网箱设计不断问世，并进行生产推广。

在北京市知识产权公共信息服务平台（www.beijingip.cn）按照主题词“深水网箱”对中国专利进行检索，截至 2018 年 3 月 23 日，共检索获取 208 件专利申请信息，初步梳理中国深水网箱专利技术布局与发展趋势发现：国家从“十五”时期开始专项支持深水网箱装备与技术研发，2001 年专利申请量为 5 件，之后的 5 年中申请量在 10 件之内波动，至 2006 年仅有 1 件申请，2007 年申请量达到 10 件，之后又在 10 件以内波动，从 2011 年开始申请量快速攀升，2013 年申请量达到峰值 32 件，从 2014 年开始申请量略有下降，但年申请量仍多于 20 件（图 2-7）。

在208件深水网箱专利申请中，发明专利为118件，占总数的56.73%；实用新型专利为90件，占总数的43.27%。不同类型专利申请年份分布如图2-7所示。

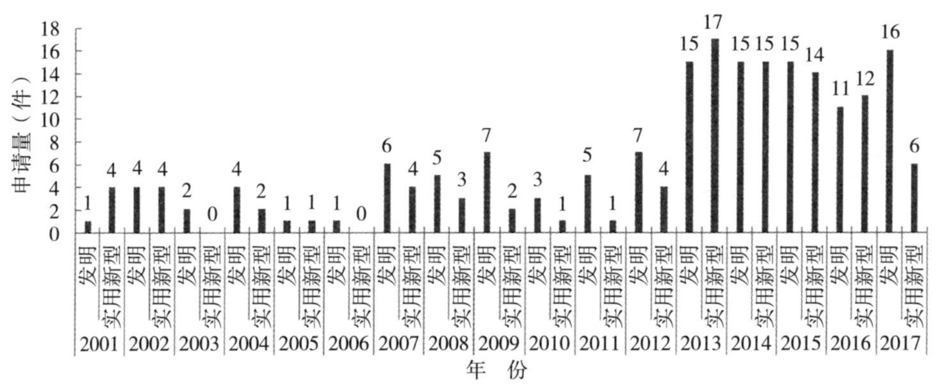

图2-7　全国不同类型深水网箱专利申请量变化趋势

法律状态处于“审中”的专利为40件。其中，与网箱有关的技术特征包括网箱系统（网箱框架）、海洋牧场智能网箱、网箱与锚泊系统、移动网箱、网衣等，专利申请数为16件，占40%；锚泊技术特征包括锚泊系统、锚泊受力测试，专利申请数量6件，占15%；养殖方法与对象包括立体养殖、许氏平鲉养殖、对虾养殖、黄斑篮子鱼养殖、黄姑鱼和刺参养殖、金鲳养殖、银鲳养殖和鱼类生长预测，专利申请数量10件，占25%；智能控制系统包括投饲系统、收捕系统、水质监控、网衣清洗，专利申请数量8件，占20%。

2. 养殖围栏创新设计与研发

随着现代科技的发展、新材料的开发与应用、养殖企业综合实力的提升，中国开发应用了一类海水养殖新生产模式——单位规模超3×10^4米^{3}的大型围网养殖（如双圆周管桩式大型围栏、双圆周大跨距管桩式和栅栏式堤坝围栏等）。目前大型围栏主要分布于浙江、福建、山东等沿海省份，用于大黄鱼、鲈、石斑鱼和黑鲷等鱼类养殖或鱼-贝-藻混养。

2013—2014年，在浙江大陈岛海域率先开展了2型大型工程化围栏设施养殖新模式的研发与应用，2型围栏设施分为八边形和圆形两种，围栏周长360～386米、养殖面积10 000～11 500米^2、最大养殖水体8×10^4～12×10^4米^3，主要用来养殖高品质大黄鱼。大型工程化围栏由组合式网衣系统组成（围网组合式网衣系统中包含铜合金网衣，相关文献或报道中也因此称之为“铜围网”“大型复合网围”“铜网围栏设施”和“柱桩式铜合金围栏网养殖设施”等）；内外两圈的柱体顶端之间由金属框架结构相连，作为工作通道和观光平台。

2014—2016年，温州丰和海洋开发有限公司在浙江开展了双圆周大跨距管桩式围栏养殖新模式的研发与应用。该围栏设施外圈周长498米、内圈周长438米、养殖面积约2×10^4米^2、最大养殖水体约30×10^4米^3，内外圈均由水泥管桩与超高分子量聚乙烯（UHMWPE）网衣组成，内外圈之间跨距高达10米，设置工作通道、观光平台和桁架式起捕装备等，主要用于仿生态深水养殖大黄鱼、黑鲷、石斑鱼和斑石鲷等经济鱼类。

2013—2017年，在温州洞头白龙屿生态海洋牧场开展了栅栏式堤坝围栏养殖新模式的研发与应用。该围栏设施养殖面积43.33公顷（650亩）、水体约400×10^4米^3，其利用管桩、网具等建设栅栏式堤坝围栏以形成两边水体通透的生态海洋牧场养殖海区；堤坝两侧拟敷设外网和内网，堤坝顶端作为工作通道和观光平台；主要用来养殖高品质大黄鱼等优质海产品。与近海传统养殖围网相比，白龙屿栅栏式堤坝围栏养殖新模式具有养殖水体大、生态效益明显等特征，有利于在生态优先的前提下开展牧场化栅栏式堤坝围栏养殖。

随着围栏养殖业的发展，以及各种围栏养殖新模式的不断涌现，中国水产科学研究院东海水产研究所、浙江海洋大学等单位申请了100多项与围栏养殖设施相关的专利，专利技术内容主要集中在围栏柱桩系统、网具装配工艺、纤维绳网材料、网衣修补方法、监控装置、捕捞装置和设施防逃系统等多个领域。

3. 养殖工船创新设计与研发

20世纪80年代中后期，雷霁霖院士从法国和日本建造大型养鱼工船的实践受到启发，酝酿了在中国建造海洋工船的初步设想。为及时掌握国外有关养殖工船的设计、研发和推广动态，中国水产科学研究院渔业机械仪器研究所丁永良研究员长期跟踪渔业发达国家和地区养殖工船的研发进展，并对不同国家和地区养殖工船的技术特点进行了梳理和总结，提出深远海养殖工船的养殖生产环节应包括水产苗种自繁、自育，直到养成。

“十二五”期间，中国水产科学研究院渔业机械仪器研究所徐皓等开展了大型养殖工船的系统研究，形成了自主知识产权，并与有关企业联合启动了产业化项目，设计了10万吨级船体平台，养殖水体75 000米^3，可以形成石斑鱼年产4 000吨以上的养殖能力，以及50～100艘渔船渔获物初加工与物资补给能力。通过启动上海市科学技术委员会“大型海上渔业综合服务平台总体技术研究”项目，重点围绕“平台总体研究与系统功能构建”“平台能源管理系统研发与新能源综合利用”两大关键问题开展研究，实施了利用黄海冷水团资源开展海上冷水鱼养殖的3 000吨级养殖工船设计。

2019年3月，上海耕海渔业有限公司与中船集团第七〇八所在上海签署了3艘深远海养殖工船的设计合同。该养殖工船为钢制全焊接、双壳双底、双桨推进、带艏侧推的深远海养殖加工船，具备自主移动避台风、变水层测温取水、舱内循环水环保养殖、分级分舱高效养殖和自动化智能化等五大技术突破（图2-8），可提供8万米^{3}养殖水体，年产挪威大西洋鲑近万吨，产值超过10亿元，且具有很好的复制性。

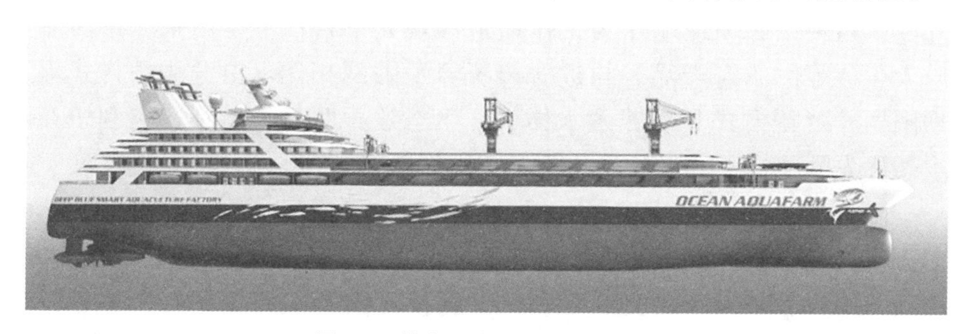

图2-8　耕海渔业养殖工船示意图

2019年8月，“智慧渔业大型养殖工船可行性研究项目”在青岛通过专家评审，该项目将规划建造10万吨级的大型养殖工船，单船年产大黄鱼3 000多吨，年产值2亿～3亿元，工船集养殖、加工、科考和海上物流补给等多种功能于一体，创新构建“养-捕-加”一体化智慧渔业综合平台。

大型养殖工船的构想和发展理念提出较早，近年来，养殖工船的讨论与发展有了更为积极的推动，并初步形成了总体的功能构建与设计方案，确立了先期运用大型退役船舶改装与专业化船型研发并举的技术路线，但系统性的研究与重点领域的研发工作有待深入，一些关键性、基础性研究亟待开展。国际上虽有探索的实例，但还未形成成熟的产业化生产模式，可借鉴的研究成果与工程案例很少。

（二）养殖装备分类与典型设计

近年来，发展深远海养殖的设想在中国各界得到积极响应，以“网箱”“养殖平台”和“养殖工船”为代表的新设计理念和工程装备不断涌现。

1. “振鲍1号”

该装备由上海振华重工（集团）股份有限公司和福建中新永丰实业有限公司联合研发，启东海洋公司建造。该装备是类似长方体的巨型网箱，长24.6米、宽16.6米、深1.8米，由浮体结构、养殖网箱、上部框架、水下框架和机械提升装置五大部分组成，饵料投放、输送和网箱上下吊装全部机械化，设有远程监控系统、水质监测系统、赤潮防护系统等，充分考虑海上丰富的自然资源，引入风力发电系统，为鲍养殖提供了绿色动力，可放置在远离岸线3千米、平均水深30米以上的清澈、富含溶解氧海域，可抵御12～15级台风侵袭，容纳近5 000个鲍养殖箱，设计单台年产鲍约12吨（图2-9）。

图2-9 “振鲍1号”生产试验

2. “福鲍1号”

该装备由福建船政重工股份有限公司与福建中新永丰实业有限公司联合研发，福建省福船海洋工程技术研究院有限公司研制，福建福宁船舶重工有限公司建造，是中国国内最大的深远海鲍养殖平台。该装备由甲板箱体结构、底部管结构、浮体结构、立柱结构、养殖网箱和机械提升装置六大部分组成，为钢质全焊接结构，长 37.3 米、宽 33.3 米，设计吃水深度 6.6 米，质量约 1 000 吨，总面积达 1 228.4 米^2。该装备配备了风光发电、水质监测（监测海水的 pH、电导率、溶解氧，监测数据可以实时传输至岸上，实现无线传输，传输距离不小于 5 千米）、视频监控、数据无线传输和增氧装置等先进设备，拥有 72 个钢制鲍养殖框和 1.5 万个白色养殖笼，可容纳 12 960 屉鲍（图 2-10）。该装备设计可抵御 50 年一遇恶劣海况，抵御 12 级以上台风侵袭，适用于水深 17 米以上、离岸距离不超过 10 海里的海域作业。设计年产鲍约 40 吨。与“振鲍 1 号”相比，“福鲍 1 号”面积大了 2 倍，养殖框容量多了 1 万多个，更利于规模化养殖。“振鲍 1 号”与“福鲍 1 号”都投放在东洛岛海域进行鲍养殖试验，将形成对比效果，推进福州市深远海养殖装备不断创新。

图 2-10　“福鲍 1 号”侧视图

3. “振渔 1 号”

该装备是由上海振华重工（集团）股份有限公司自主研制建造的全国首创深远海带转网装置的机械化海鱼养殖平台。该平台呈橄榄球形，总长 60 米，型宽 30 米，养殖水体达 13 000 米^3，主要由浮体结构、养殖框架和旋转机构三部分组成，采用造船标准，使用钢结构制造牢固的船体，可以将养殖区域向深远海延伸，具有专利的自动旋转鱼笼设计每两天可旋转 120°，以解决长期困扰海上养殖业的海上附着物难题（图 2-11）。可自动监测海水 pH、盐度和溶解氧，所有数据可通过“电信通信卡”无线传输到养殖户手机终端上，只要下载一个客户 App，就能轻松掌握整个平台的所有监测数据。可养大黄鱼、真鲷、鳗，设计年产优质商品海鱼 120 吨。

图 2-11　“振渔 1 号”主视图

4. “海峡 1 号”

该装备由福鼎城市建设投资有限公司委托福建省马尾造船股份有限公司建造。该装备是全球首个单柱式半潜深海渔场，直径达 140 米，总体高度 40 米，网箱高度 12 米，最大有效养殖水体容积高达 15 万米^3，适用于 45 米以上水深海域，配备压载系统、环境监测系统等相关设施设备，配置天然防海洋生物铜网衣和水下监测系统，日常供电为光伏发电，并采用 7 点钢制悬链系泊系统，可抵御 17 级台风，使用寿命 25 年以上（图 2-12）。设计可年产大黄鱼 1 500 吨。

5. “德海 1 号”

该装备由中国水产科学研究院南海水产研究所、天津德赛海洋船舶工程技术有限公司联合研制，珠海市新平茂渔业有限公司运营。该装备是全球第一艘由板架结构浮体与桁架结构养殖区域混合构成的万吨级智能化养殖渔场，总长 91.3 米、宽 27.6 米，主体框架面积约 2 100米^2，养殖水体可达 3 万米^3。由主体结构、网衣、单点系泊系统及相关养殖配套装备组成，配备智能化投喂系统、监控监测系统、风

图 2-12 “海峡 1 号”接驳

光互补能源系统、海水制淡系统、起网机、水下洗网机和高弹性锚泊系统。设有养殖区、生活区、储藏区、控制区等多个功能区，适应 20～100 米水深海域养殖，可抗台风 17 级、浪高 9 米的海况，使用年限可达 20 年以上，通过军曹鱼、大黄鱼和金鲳 3 个品种的养殖容量压力测试，养殖容量压力测试峰值技术指标为 450 吨（图 2-13）。“德海 1 号”是世界首例经过 17 级超强台风“山竹”海况结构安全测试的万吨级智能养殖渔场。

图 2-13 “德海 1 号”生产测试

6. “长鲸1号”

该装备是中集来福士海洋工程有限公司为长岛弘祥海珍品有限责任公司设计建造的智能网箱，是目前国内首座深远海智能化坐底式网箱，成为山东省深远海智能渔业养殖和海上休闲旅游的新“地标”。该装备采用坐底式四边形钢结构型式，长66米、宽66米、上环高度34米，最大设计吃水深度30.5米，养殖容积64 000米^3，集成了网衣自动提升、自动投饵、水下监测等自动化装备，日常仅需4名工人即可完成全部操作；搭载了大数据科学监测设备，通过传感器、水下摄像头等设备，能够把水质、水文等监测数据和鱼类活动视频等信息及时传输到网箱上的控制中心，并同步到后台信息化数据中心。该装备可同时满足30人休闲垂钓和观光旅游需求，是国内首个通过美国船级社检验和渔业船舶检验局检验的网箱。设计年养800～1 000吨鱼，使用寿命10年（图2-14）。

图2-14 “长鲸1号”生产试验

7. “深蓝1号”

该装备由日照市万泽丰渔业有限公司出资，委托中国海洋大学与湖北海洋工程装备研究院设计，青岛武船重工有限公司建造。该装备周长180米，相当于40个标准游泳池，高38米，重约1 400吨，养殖水体5万米^3，夏季可沉入黄海冷水团中（位于黄海中部洼地），潜水深度可在4～50米范围内调整，箱体设计采用了中国海洋大学发明的浮箱捕捞、网箱附着生物清除、鱼鳔补气等十余项最新专利技术，由波浪

图 2-15 “深蓝 1 号”生产试验

能发电半潜平台提供绿色能源，建造采用中国船级社相关的规范、标准，设计使用寿命 20 年。该装备设计年养鱼 30 万尾，产量1 500吨（图 2-15）。风能驱动塔架式可升降养鱼网箱系统“深蓝 2 号”和光能驱动的复合式网箱结构“深蓝 3 号”已列入建造计划。

8. “澎湖号”

该装备由国家自然资源部海洋可再生能源资金、广东省级促进经济发展专项资金（现代渔业发展用途）支持，中国科学院广州能源研究所等多家单位参与研建，将半潜式波浪能发电、深水养殖、养殖工船等多项技术实现有机集成。该装备是半潜式波浪能养殖网箱旅游平台，长 66 米、宽 28 米、高 16 米，工作吃水 11.3 米，可提供 1 万米^{3}养殖水体，具备 20 余人居住空间，300 米^{3}仓储空间，120 千瓦海洋能供电能力。该装备可划分为四个功能区，分别是养殖区、绿色能源区、管理服务区和智能生产区，装配了自动投饵设备、伤残死鱼收集设备、养殖平台数据采集与监控系统、水质在线监测系统、风浪流等环境监控系统、大数据服务系统和通信系统。装备的中间围栏分区形成了巨大养殖水体，可根据需要养殖不同种类、不同生长周期的鱼类、贝类，实现立体生态养殖，并能在海上完成从鱼苗生长到成鱼冷冻装箱的一系列作业。该装备集成了鹰式波浪能发电技术及利用太阳能、风能等新能源的技术，形成海上多能互补系统，是以绿色能源驱动的新型深远海养殖旅游平台。该装备可像船舶一样转移航行，如遭遇台风等自然灾害，可实现快速上浮、下潜和转移（图 2-16）。目前已获得中国、欧盟、日本发明专利授权，“澎湖号”图纸也获得法国船级社认证。该装备设计寿命30年，年产值可达1 100万～1 300万元，首台样机建造已完成，计划在广东大麟洋海洋生物有限公司珠海市桂山岛养殖基地开展渔业养殖和休闲旅游应用示范，开启由绿色能源支持的海上养殖新模式。

图2-16 “澎湖号”侧视图

三、现状与发展态势分析

深远海养殖是一个综合体系，涉及装备、工程、生物技术以及后勤保障等方面的内容，需要高度协调配合形成紧密的产业链条才能实现经济可行。

（一）发展现状

1. 深远海养殖工程装备科技储备不足

中国海上养殖设施的工程化水平相对落后，包括深水网箱在内的现有养殖设施系统的研发水平尚待提升，大型养殖平台的构建还处于方案设计和研发测试阶段，一些关键性、基础性研究亟待开展，包括专业化养殖工船基础船型与深远海大型网箱设施研发、集成构建游弋式大型养殖工船及综合渔业生产平台等，虽然已经建造了多种养殖装备类型，但其距离实际定型还存在一定的差距。

2. 深远海养殖的实际经验缺乏

与近海养殖相比，深远海养殖在水文水质条件、水中生物和气候等方面具有特殊性，现有的比较成熟的养殖技术是否适合深远海养殖，养殖技术如何适应深远海的特点，相关的育种、饲料营养与投饲、疾病诊断与防治、养成品的保活保鲜与加工等技术需要在实际生产试验、流通等环节积累经验，以满足产业化发展的需求。

3. 深远海养殖产品冷链物流技术滞后

由海上到陆地，再到餐桌的无缝连接是深远海养殖体系中重要的一环。深远海养殖产品冷链物流各环节的设施、设备、温度控制和操作规范等方面缺少统一标准。流通冷链装备、流通保鲜保活、流通网络信息、食品安全检测、污染物降解、信息标识与溯源等核心技术有待熟化，并与深远海养殖条件衔接。

（二）发展态势

1. 需求导向的技术创新与设计开发是重点

具有集约化、规模化海上养殖及综合渔业生产功能的深远海网箱、养殖平台和大型养殖工船等，将对应不同海域环境与资源条件，以及养殖与渔业生产要求，形成专业化装备/船型。包括以浮体式、半潜式、全潜式和升降式等设施生产状态，自支撑式、重力式、锚张式和舱容式等设施结构方式，坐底式、系泊式、移位式和游弋式等固泊移动方式进行组合装备创新；以深远海环境适宜性、养殖产品品质和市场竞争力为综合考量进行深远海养殖品种选择；以养殖对象生物特性为基础优化养殖技术等。

2. 标准化是装备建造和养殖生产的基本条件

围绕养殖、生产、加工等环节的水质调控、投饵、起捕成鱼、死鱼回收等工序均需高度集成信息化、机械化装备，适应高海况作业条件，实现装备标准化制造；基于养殖动物生长模型及其产品品质的标准化生产技术，实现养殖及海上综合渔业生产的安全可控与产能最大化，将标准化生产过程前移并贯穿养殖生产、流通和加工全过程。

3. 产业融合是深远海养殖发展的新方向

基于养殖生产为基本生产能力的“养-捕-加”一体化大型深远海养殖平台，在物流保障系统的支持下，开展远离陆基的深远海渔业生产系统构建，形成深远海工业化养殖新产业；在现代化深远海养殖装备平台上，开发适合休闲渔业的空间、技术与模式，促进一、二、三产融合发展，提高深远海养殖的综合效益。

第三章 深远海设施养殖技术模式关键要素

近岸海水设施养殖模式的装备设施建设与维护、养殖品种筛选、生产过程管理等已经相对成熟，而深远海设施养殖技术模式整体则仍处于起步探索阶段。养殖选址需要综合考虑养殖生物、设施装备性能以及海洋环境条件的自然可行性和经济可行性，其是开展深远海设施养殖活动的基础。网箱、平台、围栏及工船等养殖设施的主要组件与结构设计、网体材料装配以及海上安装操作规范是布设深远海养殖设施的核心内容。在养殖生产过程中，养殖品种选择、设施监控与维护、生产管理与效益评价是深远海设施养殖经济运行的关键。

第一节　深远海设施养殖的选址

深远海养殖设施类型结构相异，规格多样，不同海域的自然条件特征也有所区别，因而在进行深远海养殖选址时，依据的技术指标标准也会差异明显，需要将养殖生物与深远海养殖设施装备性能条件相结合，筛选适合养殖生物生长、符合装备安全要求的海域空间条件，开展具有经济效益的深远海养殖活动。

对于开放式系统的深远海养殖而言，其养殖生物所处的环境即是外部环境条件本身，因此，深远海设施养殖与所处环境之间会相互影响。同时，养殖设施之间也存在着一定的交互影响作用。在深远海养殖选址过程中，应评估所有可能的相互作用及其对深远海养殖的影响，包括深远海养殖活动对环境的影响，以最大限度地减少威胁、危害和过度开发。在深远海养殖项目选址时应考虑的因素主要包括三个方面：养殖生物健康生长因素、养殖设施安全生产因素和其他因素。

一、养殖生物健康生长因素

深远海设施养殖区必须具备良好的水质。相关海域的水质不仅要免受工业污染，还应满足养殖生物的生物学需求，具体因素包括溶解氧、污染物、温度、盐度、pH、病原体与致病因素、光照与透明度等，要求养殖水体颗粒悬浮物数量能够控制在一定的范围内，水体富营养化和患病生物出现的概率较小。为了确保足够的水体交换，需要一定的水流速，但是流速太大则会对养殖生物和设施装备产生压力。

（一）溶解氧

溶解在水中的分子态氧称为溶解氧（dissolved oxygen，DO），水中溶解氧的含量与空气中氧气的浓度、水温都有密切关系。不同种类的养殖鱼类，所处的发育阶段和个体大小不同，对于溶解氧的需求也有所差异。

养殖水体溶解氧水平还会受到养殖设施网衣表面附着生物的影响，这些附着生物的生长会阻碍水体交换，从而降低深远海养殖设施内水体的溶解氧含量。

在养殖生物投喂过程中，水体中的溶解氧水平也会降低，但这个过程持续时间较短，投喂结束几个小时后，溶解氧会自动恢复至正常水平。

Swingle（1969）研究的关于暖水性鱼类养殖的溶解氧等级对照情况可作参考：

①DO≤0.3毫克/升——短期暴露会导致死亡；

②0.3毫克/升<DO<1毫克/升——长期暴露会导致死亡；

③1毫克/升≤DO<5毫克/升——鱼类可以生存，但长期暴露会导致生长缓慢；

④DO≥5毫克/升——暖水性鱼类能快速生长。

在开展深远海养殖选址之前，应先确定拟养殖种类，并根据选择的养殖种类，开展针对性的溶解氧需求调查，以避免出现溶解氧条件与计划养殖物种实际需求不相匹配的情况。

（二）污染物

为了减少污染物对深远海养殖项目的影响，在选址时应考虑避开工业化区域，包括陆地的工业化区域和海上的工业化区域，同时也应该考虑避开海上运输通道可能产生的污染物问题，例如海上溢油以及运输船舶清洗油箱产生的污水等。

在部分海域选址时，还应考虑发电厂的冷却水问题，通常冷却水中可能会含有一定量的化学品等有害物质（如腐蚀抑制剂、溶剂和重金属），这些物质可能会对养殖生物造成致命的伤害。

同时，还应通过监测数据和洋流运动情况，对选址区域是否会有海上垃圾漂浮和聚集等进行调查，防止海上漂浮物对养殖设施和生物产生影响。

重金属在养殖水域中超过一定的含量时，会直接影响养殖鱼类的呼吸、代谢，严重时将导致死亡。按照《渔业水质标准》（GB 11607—1989）的规定，在进行深远海养殖项目选址时，应对特定海域水体的重金属含量进行监测，以确保符合相关养殖生产要求（表 3-1）。

表 3-1 渔业水体重金属含量标准值

序号	项目	标准值（毫克/升）
1	汞	≤0.000 5
2	镉	≤0.005
3	铅	≤0.05
4	铬	≤0.1
5	铜	≤0.01
6	锌	≤0.1
7	镍	≤0.05
8	砷	≤0.05

（三）温度

养殖区域的水温会直接影响养殖生物的新陈代谢，从而影响养殖生物的耗氧量和活动率，以及对氨和二氧化碳的耐受性。水温的突然变化可能会对养殖生物产生一定的压力，并可能导致疾病的大规模暴发。深远海养殖的生物种类中，鱼类是主要的养殖对象，鱼类属于变温动物，其体温会随着周围水温的变化而变化，多数鱼类的体温和水温相差 0.1～1℃。不同的养殖鱼类，有着不同的生存水温和最佳生长水温需求，在适温范围内，水温越高且持续时间越长，鱼类生长情况会越好。对于大多数温水性养殖鱼类而言，其生存适温范围一般较大，具体可为 8～30℃，其中 20～28℃的水温条件最佳。在深远海养殖选址过程中，还应关注相关海域的气候变化历史数据，以判断水温的变化规律。

在中国黄海进行深远海养殖选址时，还应注意黄海冷水团的影响。长期以来，每逢夏秋季节，位于中国黄海中部洼地的深层海水温度比其他海域都要低（保持在 4.6～9.3℃）。海洋物理学家将这一覆盖海域面积约 13 万千米^2、拥有 5 000 亿米^{3}的水体命名为黄海冷水团，其是黄海暖流水、沿岸冷水以及春季升温等诸多因素在该海域相互作用的结果。从季节更替的角度看，春季在成山头东南海域 50 米等深度线附近出现中层冷水现象，冷水块在 10～30 米水层中，纬向尺度 100 千米，其中心水温比周边低 2℃、比表层低 1.5℃、比底层低 1.0℃。

（四）盐度

海水盐度是指海水中全部溶解固体质量与海水质量之比，通常以每千克海水中含溶解固体多少克来表示。海水盐度因海域所处纬度不同而有差异，主要受纬度、河流、海域轮廓、洋流等的影响。海水盐度发生变化，养殖鱼类会启动自身的调节机制，以适应不同的盐度。但这种调节机制具有一定的范围，超出这个范围，盐度的变化则会影响到养殖鱼类的健康生长，甚至致其死亡。在进行深远海养殖项目选址时，应提前考虑好养殖对象，或者结合相关海域的盐度条件选择合适的养殖鱼类种类。与养殖鱼类不相适应的盐度水平可能会对饲料转化率（FCR）、比生长率（the specific growth rate，SGR）产生负面影响。

一般养殖海区的海水盐度保持在 15～25，对深远海养殖而言，极少发生因盐度剧烈变化而导致养殖鱼类死亡的事件。

（五）pH

氢离子浓度指数（hydrogen exponent）是指溶液中氢离子的总数和总物质的量的比，一般称为 pH。海水 pH 通常在 8.0～8.2。海水的 pH 具有一定的昼夜变化规律，由于白天光合作用较强，藻类吸收二氧化碳使氢离子浓度下降，导致 pH 上升；而晚上光合作用则停止，藻类会继续消耗水中的溶解氧，并释放出二氧化碳使氢离子浓度上升，pH 下降。不同养殖生物具有其生存所需的 pH 范围，大多数鱼类的 pH 适宜范围为 7.5～8.5，偏弱碱性。

养殖鱼类对于海水 pH 具有一定的适应性，但如果 pH 的变化超出鱼类的适宜范围，鱼体的新陈代谢就会受到影响，超出极限范围时，往往会破坏鱼类皮肤黏膜和鳃，直至引起鱼类死亡。

（六）病原体与致病因素

在养殖水体环境中，特别是处于容易受到污染影响（例如水体交换不畅的区域）的养殖区，可能存在着某些病原体或者致病因素。细菌性疾病通常与相对较差的水质有一定的关系。在一些水域环境中包含病原中间宿主或最终宿主，如果在该海域开展深远海养殖活动，则可能出现宿主由野生鱼类转移至养殖鱼类的情况。尽管专门研究鱼类疾病的实验室可以就深远海养殖项目选址地点的野生鱼类种群可能暴发的疾病提供建议，但开展养殖选址时事先评估依然存在困难。

（七）光照与透明度

鱼类对光照有较强的敏感性，同时，光的感觉在某些鱼类中能引起行动上的反应，即对光刺激产生定向行为反应的特性。养殖鱼类一般不喜欢强光，较喜欢弱光，对直射阳光通常会发生应激反应，这将直接影响其行为和生长发育。

养殖水体的透明度是一种物理学指标，具体是指光线透入水层的深度。养殖水域水体的透明度与浮游生物、微生物、有机碎屑、泥沙及其他悬浮物的含量有关。在泥质或泥沙底质的浅海，由于风浪和海流的影响，在大潮汛和冬季时，透明度一般较低；小潮汛和夏季时，水体透明度则相对较高。对于浮游生物较多的海域，夏季会因浮游生物的大量繁殖，使透明度有一定程度的下降。

对于深远海养殖项目而言，所选海域一般为开放海域，离岸较远，因此，水体透明度问题在选址中的影响不会太大。

二、养殖设施安全生产因素

在开展深远海养殖项目选址时，不仅要考虑养殖生物所需的最佳海域水质条件，同时也要考虑海域环境条件对于养殖设施装备安装、驳船等的影响。深远海养殖设施的定型、系泊系统的设计和建造及辅助船舶的选择都必须考虑以下因素：水深或选址点水深（例如海底地形和等深线）、流速与流向、风力、波浪、海床（例如海底底质类型）、热带气旋发生率。

（一）水深

深远海养殖项目选址点的水深、平均流速和方向可以决定养殖设施周围区域的废弃沉积物浓度。水深对养殖生产的影响包括以下几个方面。

1. 养殖区范围

选址点水深越深，养殖区所占的海域范围就越大，因为系泊绳的长度通常是养殖区水深的 3～5 倍。

2. 系泊设计

选址点水深可能会对系泊系统设备和材料的选择产生一定的影响，包括对这些材料和设备尺寸大小的确定。

3. 潜水检查

在深远海养殖项目选址时，应考虑检查养殖设施时需要下潜水深超过 50 米所带来的各种问题，例如，需要经过培训的潜水员，以及专业而昂贵的装备。尽管锚固检查不属于经常性项目，但是在选择养殖区时应考虑该问题。

4. 养殖设施高度

根据水流速度以及实际经验，浮体式和半潜式养殖设施的高度一般不应超过养殖区水深的 1/3，且设施底部和海床之间（低潮时）要留出充足的空间，以便更好地分散养殖废弃物颗粒。因此，在水深相对较浅的水域开展浮体式和半潜式深远海养殖项目时，其养殖设施规格较小，总体养殖容积也会比较深养殖区小。

借助海图研究选址点的水深情况，并通过广泛的实地调查进行验证，这项工作必须贯穿于深远海养殖项目实施过程的所有阶段。等深线法是测量选址点并找到最合适位置的一种好方法，该位置应尽可能平坦，并且没有容易导致系泊缆绳断裂的岩石或珊瑚层。在进行养殖区选址调查时，可以通过借助专用深度扫描仪等设备进行现场勘测，这些专业的设备能够获取有关勘测区域内海床特征全面而详细的信息。

通常情况下，水深较浅的水域波浪会更剧烈，浪高更高。在相对较浅的水域开展养殖生产，其遭受波浪冲击的可能性更大。因此，与水深更深的水域相比，较浅水域的养殖设施需要更加稳固的设施工程以确保安全。

（二）流速与流向

流速对于深远海养殖设施具有直接的影响，其产生的作用力相当于普通中型养殖网箱（年产量 3 000～4 000 吨）总受力的 70%～75%。水流速会在以下几方面对深远海养殖设施产生影响：养殖设施装备的水交换、残饵的分散范围、养殖设施使用的网衣及沉子、养殖设施的移动和鱼类的转移、养殖规模、潜水检查作业、固体废弃物的扩散距离。

设计深远海养殖设施的系泊系统时，需要考虑流速对其装备设施的影响。浮子的大小规格取决于深远海养殖项目选址点流速的历史记录以及预测数值，同时还应考虑与系泊系统其他组件的适配性。由于深远海养殖设施的网衣面积较大，在水流的作用下，网衣会产生巨大的阻力。当网衣出现严重污损附着时，对于养殖区水流而言，其相当于一座坚固的屏障阻挡水体穿透交换，从而增加了系泊系统所承受的负荷，这种情况下，极有可能出现实际负荷超出系泊系统承重极限的特殊情形发生。根据养殖种类和养殖设施网衣网目尺寸的不同，其最佳流速亦有所不同。在大西洋鲑的养殖过程中，最佳流速为 0.25～0.5 米/秒，建议最大流速不超过 0.75 米/秒。挪威标准《海水鱼类养殖——选址调查、风险分析、设计、尺寸确定、生产、安装和操作要求》（NS 9415：2009）要求以最低流速 0.5 米/秒为基础确定系泊系统的尺寸和选配需使用的组件。

在考虑流速的同时，还应该考虑洋流的主要方向，该要素决定了废弃物的分布范围和面积。在进行深远海养殖项目选址时，敏感栖息地的位置与选址点、洋流流向之间的关系也应纳入考虑因素。海流数据通常在专题海图上发布，可向有关海洋管理部门咨询获取方式和途径。此外，建议在每个选址点布设海流速度监测浮标，以获取特定位置的详细海流数据，并对专题海图中的相关数据进行验证。可以通过收集几个月的海流数据来推导 50 年的重现期。

（三）风力

在深远海养殖设施系泊系统上，风力占总受力的 5%～10%，在有投饲船在周围航行的情况下，风力所占份额会有所增加。风的活动会对养殖设施防跳网产生一定的拉力，干扰船只航行以及将饲料颗粒投放到养殖区外部，从而对养殖设施及其运动状态产生直接影响。例如，一个直径为 30 米、设置 1 米高防跳网的圆形 HDPE 网箱的风暴露面积大约为 40 米²，在 40 节风速的作用下，单个养殖网箱可能会承受约 267.8 帕的风力。风还可以通过产生的海流和波浪对养殖设施产生间接影响。

选址海区风力的数据资料可向气象部门咨询获取方式和途径，并且可以通过制作“风向玫瑰图”对具体位置的风力变化规律进行分析和总结。风玫瑰是一种图形工具，有助于直观地统计报告特定位置风数据记录，并能够提供有关风速、方向和发生概率等观测信息。

风速通常用节、千米/小时等单位来度量，一般采用蒲福风级 (Beaufort scale) 进行分类，用 0～17 级来分别代表不同的强度等级 (表 3-2)。

表 3-2　风力等级对照表

风级	名称	风速（米/秒）	风速（千米/小时）	陆地地面物象	海面波浪	浪高（米）	最高（米）
0	无风	0.0～0.2	<1	静，烟直上	平静	0.0	0.0
1	软风	0.3～1.5	1～5	烟示风向	微波峰无飞沫	0.1	0.1
2	轻风	1.6～3.3	6～11	感觉有风	小波峰未破碎	0.2	0.3
3	微风	3.4～5.4	12～19	旌旗展开	小波峰顶破裂	0.6	1.0
4	和风	5.5～7.9	20～28	吹起尘土	小浪白沫波峰	1.0	1.5
5	清风	8.0～10.7	29～38	小树摇摆	中浪折沫峰群	2.0	2.5
6	强风	10.8～13.8	39～49	电线有声	大浪白沫离峰	3.0	4.0
7	劲风（疾风）	13.9～17.1	50～61	步行困难	破峰白沫成条	4.0	5.5
8	大风	17.2～20.7	62～74	折毁树枝	浪长高有浪花	5.5	7.5
9	烈风	20.8～24.4	75～88	小损房屋	浪峰倒卷	7.0	10.0
10	狂风	24.5～28.4	89～102	拔起树木	海浪翻滚咆哮	9.0	12.5
11	暴风	28.5～32.6	103～117	损毁重大	波峰全呈飞沫	11.5	16.0
12	台风（一级飓风）	32.7～36.9	118～133	摧毁极大	海浪滔天	14.0	—
13	台风（一级飓风）	37.0～41.4	134～149				
14	强台风（二级飓风）	41.5～46.1	150～166				
15	强台风（三级飓风）	46.2～50.9	167～183				
16	超强台风（三级飓风）	51.0～56.0	184～201				

（续）

风级	名称	风速（米/秒）	风速（千米/小时）	陆地地面物象	海面波浪	浪高（米）	最高（米）
17	超强台风（四级飓风）	56.1～61.2	202～220				
＞17	超强台风（四级飓风）	≥61.3	≥221				
	超级台风（五级飓风）		≥250				

注：①本表所列风速是指平地上离地 10 米处的风速值。

②超级台风（super typhoon）为美国对顶级强度台风的称谓。

（四）波浪

波浪是由风与水之间摩擦引起的水面不平状。对于典型的中等规模养殖网箱（年产量 3 000～4 000 吨）而言，波浪的作用力占系泊系统和设备总受力的 20%～25%。波浪主要是由风力作用形成的。风作用于海面时通过近水面大气层的垂直压力和切应力，将能量传递给海水，使水质点在风力、重力和表面张力的作用下做近于封闭的圆周运动，并由于向风坡与背风坡之间的压力差，使这种波动不断发育起来，在海面形成连续的周期性起伏，形成波峰和波谷。波峰的最高点为波顶，波谷的最低点为波底。因此，影响风浪形成的主要因素包括风速、风区、风时和水深。其中风区指受状态相同的风持续作用的海区长度，风时指状态相同的风持续作用于风区的时间。

上述所有因素的共同作用决定了深远海养殖项目选址点海域的波浪大小。除水深因素外，其他因素的数值越大，波浪就越大，即与波浪大小成正比。海流也会间接地影响波浪的形成，因为逆流的风会产生更短更陡的波浪。

在深海中，波浪在海面上的运动导致水质点几乎呈圆形运动，称为波浪的运动轨迹。在水面以下，波浪的运动轨迹会随着水深的增加而逐渐减小，在波长一半左右的水深位置，运动轨迹即消失。当波浪接近海岸线时，水深深度小于波长的一半，其运动轨迹则可能到达该水域的底部。海底和波浪的运动轨迹之间的摩擦会消散波浪能。波浪能的耗散量主要取决于波浪运动的速度和海床的粗糙程度。当波浪的运动轨迹到达海底时，波浪会变得更陡，并最终被撞击成破碎的波和浪花。海底对波浪的影响是波浪越靠近海岸线，波陡（wave steepness）越大、破坏性更强。

一段时间内，波浪的特征高度通常用有效波高（significant wave height，H_s）来表示，单位是米。有效波高和 1/10 大波波高之间的关系见表 3-3。

表 3-3　波级表

波级	H_s（米）	$H_{1/10}$（米）	名称
0	0	0	无浪
1	$H_s<0.1$	$H_{1/10}<0.1$	微浪
2	$0.1\leqslant H_s<0.5$	$0.1\leqslant H_{1/10}<0.5$	小浪
3	$0.5\leqslant H_s<1.25$	$0.5\leqslant H_{1/10}<1.5$	轻浪
4	$1.25\leqslant H_s<2.5$	$1.5\leqslant H_{1/10}<3.0$	中浪
5	$2.5\leqslant H_s<4.0$	$3.0\leqslant H_{1/10}<5.0$	大浪
6	$4.0\leqslant H_s<6.0$	$5.0\leqslant H_{1/10}<7.5$	巨浪
7	$6.0\leqslant H_s<9.0$	$7.5\leqslant H_{1/10}<11.5$	狂浪
8	$9.0\leqslant H_s<14.0$	$11.5\leqslant H_{1/10}<18.0$	狂涛
9	$H_s\geqslant 14.0$	$H_{1/10}\geqslant 18.0$	怒涛

虽然风速是波浪增长的最终限制因素，但增长也受到风区大小的限制。风区大小主要受海域范围的限制。在风区的外围产生较小的波浪，而在风区的主风向则可以产生较大波浪，并在下风区扩散。在选定的深远海养殖项目实施海域，风区可以通过角度和长度进行量化，即选址点相对于海岸线的位置。

（五）海床

应该对选址点海域的海床特征进行调查，以便对锚固埋置的沉积物类型进行分类，并确定底栖生物群落，这对于选址点的评估至关重要。养殖设施装备具体使用拖曳式埋置锚（“犁式”或“铲式”锚），还是自重锚（混凝土块），取决于深远海养殖项目选址点海域的海床特性。大多数情况下，为了保证深远海养殖设施在系泊系统控制的范围内保持必要的活动弹性，针对潜在的高浪气候情况，系泊缆的长度一般需要设置为选址点水深的 3～5 倍。深远海养殖设施在风暴或海流活动的影响下，下游系泊缆（未暴露在盛行风或波浪阻力下的系泊缆部分）可能变得非常松弛，并沉于海床上。下游系泊缆在海床上会受海流的作用与海底底质进行摩擦，一般情况下，泥质海底不会对下游系泊缆造成严重损坏，但对于沙质底质和砾石底质而言，沉到海底并与海床接触的下游系泊缆可能会迅速被磨损至危险水平。因此，将不可压缩的浮子固定在下游系泊缆的末端位置，或者受保护的硬钢套管拼接处，可以降低这种风险及维护成本。由于海底环境复杂且具有不规则性，为了保证养殖设施系泊系统的安全性，则需要寻找合适的锚部署点，以避免在砾石底质上部署犁式锚（锚不会嵌入底质）或在硬黏土底质上部署混凝土块（混凝土块可能在光滑的底质上被拖移）。

敏感栖息地（活珊瑚、海草场、产卵场等）应该逐一得到确认，并绘图予以标记，在选址时注意避让。以海流的主要方向为依据，应将深远海养殖项目部署在敏感栖息地的下游区域。

当锚固设置以后，应更加注意监视其嵌入海底的动态情况，因为海底的贝壳、杂草和海藻都可能影响锚的稳固性。海底底质具有一定的层次性，当锚嵌入上层底质后，在海流的作用下，其不断向海底底部移动，可能会遇到沙层、泥层、泥炭层、卵石层、石层或黏土层，而这些不同组成成分底质的持力特征也有所差异。针对特定海域的底质情况，可以参考海图信息获取。

不同质地的底质环境应选择不同的锚固类型，其中泥质、黏土质、沙质和卵石底质环境可以为锚提供良好的支撑嵌入条件，而岩石质、石质和珊瑚质环境则需要自重锚（混凝土块）进行固定。在选择锚地时，还应结合海图等资料，注意避让禁止锚地的区域，例如存在海底电缆、电话线、管道区域，爆炸物倾倒以及历史沉船点等特殊位置。

（六）热带气旋发生率

风暴、台风或旋风等均是一种气象现象，表示强风以及由此在海洋中产生的波浪和洋流危险。台风是热带气旋的一个类别。根据中国气象局《热带气旋等级》（GB/T 19201—2006）的规定，热带气旋按其底层中心附近最大平均风速划分为热带低压、热带风暴、强热带风暴、台风、强台风、超强台风 6 个等级（表 3-4）。

表 3-4 热带气旋等级划分表

热带气旋等级	底层中心附近最大平均风速（米/秒）	底层中心附近最大风力（级）
热带低压	10.8～17.1	6～7
热带风暴	17.2～24.4	8～9
强热带风暴	24.5～32.6	10～11
台风	32.7～41.4	12～13
强台风	41.5～50.9	14～15
超强台风	≥51.0	16 或以上

在进行深远海养殖项目选址时，应首先考虑避开热带气旋发生的区域或者高发区域，但如果无法避免的情况下，在项目实施前应做好仔细的评估工作，根据选址点热带气旋的发生情况预测，科学准确计算系泊系统参数。当然，也可以根据选址点热带气旋的发生情况，选择适应极端天气的半潜式、升降式或全潜式养殖设施开展深远海养殖生产。

三、其他因素

（一）物流

深远海养殖项目选址点与必要的陆基设施之间的距离直接影响了运行成本。如果这两点之间的距离较远，则意味着会产生以下影响：物流过程耗时更长，在养殖项目实施点的操作时间相对变短；燃料成本增加；养殖生物苗种的运输风险增大。

深远海养殖项目实施过程中，尤其发生紧急状况时，例如安全事故或者网衣损坏等，反应时间越短越有利于减少损失，然而此时的“距离”却成为采取措施的重要限制性因素之一。

在项目实际选址时，可用的基础设施条件也是评估选址点优劣的重要因素，这些设施条件包括道路、码头/港口/防波堤、陆地上的活动空间、贮藏或仓库的便利性。

（二）海域的其他用途

选址点附近的海岸线用途，以及在海岸线上开展的其他活动或不同产业等内容都应该被考虑和估计到，以避免深远海养殖项目实施过程中与其他岸线或海域功能的使用发生冲突。可能产生冲突的使用功能包括港区和基础设施、沿海废弃物倾倒点和排污口、旅游区（住宅区、海滩）、考古遗址、传统渔区、人工鱼礁或海洋牧场、其他水产养殖设施及军事管理区域。

综上所述，在开展深远海养殖项目选址时，应充分搜集已知数据、资料和信息，例如海图，同时应该开展大量而系统的实地调查，获取真实的一手资料数据，为科学选址提供基础支撑。

第二节 深远海养殖主体设施与构件

一、HDPE 网箱

高密度聚乙烯（high density polyethylene，HDPE）是一种由乙烯共聚生成的热塑性聚烯烃，具有良好的耐热性和耐寒性，化学稳定性好，还具有较高的刚性和韧性，机械强度好。由于其良好的物理化学性能，高密度聚乙烯管成为广泛应用于制作浮式网箱的主要材料，具有耐用、灵活、防震、抗紫外线等特点，如果安装操作规范，后期维护需求相对较少。

（一）HDPE 管

常见用于制作网箱的 HDPE 材料主要有 PE80 和 PE100。PE80 的密度略低于 PE100，密度分别为 0.945 克/厘米^{3}和 0.950 克/厘米^3。因此，如果两个管材尺寸相同，使用 PE100 制成的 HDPE 网箱将比使用 PE80 的更坚固，更结实，但在处理动态负载时灵活性稍差。

HDPE 管材制造商通常使用标准尺寸比（standard dimension ratio，SDR）对管材进行评价和分类。SDR 是管材公称外径与壁厚之间的比值。例如，管材外径为 250 毫米，壁厚为 27.8 毫米，其标准尺寸比（SDR）为 9。因此，当 SDR 较高时，管壁相对较薄。也就是说，管材的 SDR 越高，其额定压力越低；而 SDR 越低，其额定压力越高。

用于建造圆形网箱框架时，HDPE 管材会受其扭转力的限制。通常情况下，焊接圆形网箱框架的最小半径大约是所选管材外径的 25 倍。依此推算，在 HDPE 管材发生扭结之前，外径为 250 毫米的管材可以弯曲拼接成半径不小于 6.25 米的圆形。上述比例关系的计算，随着管材壁厚和温度的变化而变化。不同标准尺寸比（SDR）的 HDPE 管材弯曲半径见表 3-5。

表 3-5　标准尺寸比与弯曲半径关系

标准尺寸比（SDR）	弯曲半径（最大建议值）
9	20×公称外径
11	23×公称外径
13	25×公称外径
21	27×公称外径

（二）支架

支架是建造网箱浮管的重要结构元件，通过其将 HDPE 管材连接在一起而形成浮管。支架的坚固性对保持网箱结构稳定具有至关重要的作用。支架的设计见图 3-1，一般包括 2～3 个主浮动管座（A，有时甚至有 4 个），额外提供的走道管座（C），在支柱（D）的顶部有一个扶手管座（B），用以装配扶手；支架上设置了可装配网衣（E 和 F）和沉子（G）的连接点，通过线或绳索进行固定。连接点（G）还可与网箱周围的安全链相连，该安全链作为额外的安全装置可以防止浮管被巨浪损坏。市场上销售的支架形式多样，应根据深远海养殖项目选址点的开放度和网箱强度的实际情况选择。

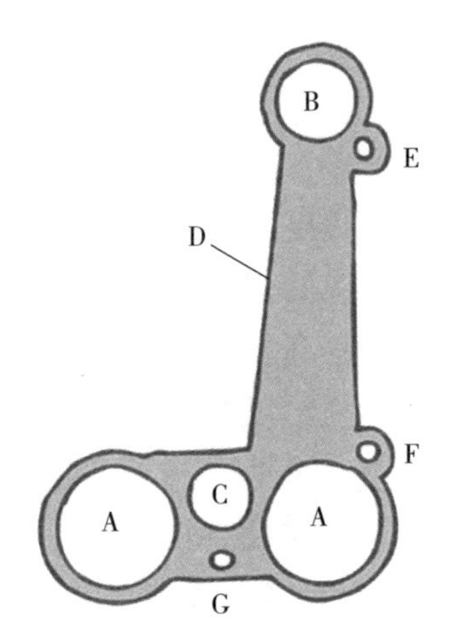

图 3-1　支架结构图
A. 主浮动管座　B. 扶手管座
C. 额外的走道管座　D. 支柱
E. 扶手/网衣的固定点
F. 网衣的固定点
G. 沉子的连接点或安全链座
（改自 Cardia F，Lovatelli A，2015）

目前，常用的支架主要有 4 类：焊接塑料支架、滚塑成型塑料支架、注塑成型支架和金属支架。

焊接塑料支架由 HDPE 管材和与其焊接在一起的 HDPE 组件制成，该类型支架通常比较牢固，所有组件必须按照正确的方法焊接在一起，以确保其耐久性。

滚塑成型塑料支架可能是应用于浮式 HDPE 网箱浮管连接的最广泛组件。该支架是用滚塑成型工艺制造而成的，在单个支架的模具中填充塑料（PE 或 HDPE），然后加热至塑料熔点。当模具旋转时，熔化的塑料会均匀地分散在模具壁上。冷却后，打开模具，取下成型的支架备用。该类型支架不是实心的，塑料的厚度和设计合理性是影响其坚固性的关键因素。

注塑成型支架是通过将聚乙烯塑料（PE或HDPE）放入加热桶中，均匀混合，然后注入模具中，并在模具中冷却和硬化后制成支架。注塑成型支架是实心组件，因此非常坚固，但比滚塑成型支架的质量更大。

金属支架在过去使用较多，但随着塑料制品的普及，该类型支架主要在较为隐蔽的位置使用。一些支架生产商（如挪威Aqualine）正在生产重型钢支架。金属支架通常由镀锌铁（镀锌）制成，通过焊接或螺栓将部件连接在一起。金属支架的价格可能较塑料支架便宜，但由于易生锈和易磨损塑料构件两个主要限制性因素，不建议在开放度高的位置使用。在实际使用中，当原装支架发生故障而需要临时支撑时，也会有一些专门针对特定需求而设计的支架。这些辅助性的临时支架可以在深远海养殖项目实施海域现场直接进行安装，不影响网箱养殖的正常生产活动。

可拆卸支架仅仅是一种临时性的解决方案，在条件允许的情况下，应尽快更换为原装支架。更换原装支架通常需要在陆地上进行，主要过程包括切割HDPE管、移除损坏的支架、安装新的支架和将HDPE管重新进行焊接，以形成一个完整的浮管。

（三）沉子和沉降管

养殖网箱的网衣需要向下的配重，以保证在海流作用下维持网箱容积相对稳定。网箱网衣配重有2种方法：使用多个沉子（或重块），或者使用单根沉降管。上述2种方法可单独使用，也可以组合使用（图3-2）。

多沉子是增加养殖网箱网衣配重的常用方法。每个支架配备一个重块，通过绳索将其固定在网箱浮管的外管上，也可以连接到支架上（如果支架设计有连接点）。该绳索的长度应该比网箱网衣长几米。网箱网衣可以连接在沉子上，也可以通过网箱的底绳连接到固定沉子的绳索上。沉子的质量取决于网箱网衣的尺寸、网衣网目尺寸和养殖点的环境特征。更快的海流和更强的波浪环境则需要质量更大的沉子，以保持网箱的容积。

网箱网衣配重的第二种方法是使用沉降管。沉降管是一种圆形下沉系统，在HDPE管插入链条、钢索或砾石后，将其对接焊接而成。

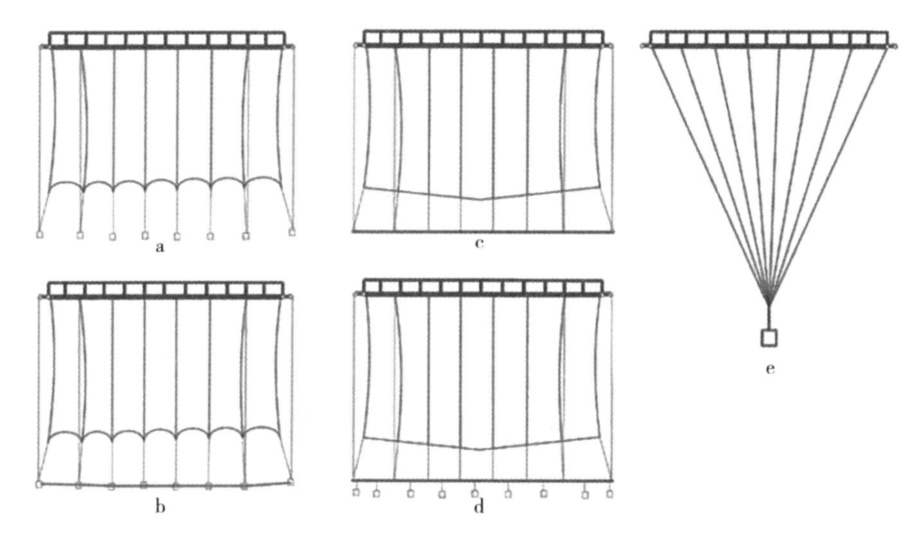

图 3-2　不同的沉子系统

a. 单个沉子　b. 通过连接绳连接的单个沉子　c. 沉降管

d. 带有附加质量的沉降管　e. 带有单个沉子的锥形网

（改自 Cardia F，Lovatelli A，2015）

其中，链条、钢索的长度与 HDPE 管相同，通过将其固定在 HDPE 管中以防止其滑动。通常而言，配重所使用的材料应便宜，且运输成本低，就近取材是较为经济可行的方案。沉降管的质量随网箱尺寸的变化而异，并主要根据海流的预测结果进行计算。例如，对于周长为 90～160 米的大型网箱，其设置的配重比例一般为 40～70 千克/米；对于周长为 60～90 米的小型网箱，其设置的配重比例一般为 15～40 千克/米。

沉降管的长度至少应与网箱浮管的长度相同（最好能长几米），通常会根据网箱尺寸来确定制作沉降管所使用 HDPE 管的内径尺寸。沉降管通常通过绳索固定在网箱浮管的外管上或独立支架底部。网衣可以通过绳子将其底绳与沉降管连接，或者连接在固定沉降管的绳索末端。

尽管沉降管的成本高于沉子，但沉降管可以更好地保持网箱网衣底部的形状，以及网箱容积，由于其结构具有一定的刚性，因此在受到海流作用时表现得更稳定。当养殖区水深较浅时，采用沉降管的方式固定网箱底部则更加可行，使网箱底部保持拉紧状态，以确保网箱底部与海床之间留有安全的距离。

（四）浮管建造

网箱浮管的建造过程因网箱模型而异。建造网箱浮管需要一个较为开放的空地，离海岸的距离较近，以便完成组装后能够方便地将其放入海中；该空地还要足够大，可以容纳组装浮管过程中所需的不同组件（管材、支架、聚苯乙烯圆筒等），并保证浮管能够组装在一起，叉车或类似车辆有利于浮管的建造过程，空地以能够容纳这些车辆为佳。焊接机的操作使用需要电源支持，如果缺少城市电力系统，则需要准备发电机供电。

HDPE管通过对焊机进行组装。对焊是将两个管端加热到熔点，然后用力将两个管端连接在一起的过程。具体的组装步骤如下：①在每个HDPE管中填充聚苯乙烯圆筒，聚苯乙烯圆筒的直径应略小于HDPE管径。该圆筒的存在使得浮管即使是在损坏或浸水情况下也能保持浮力。由于聚苯乙烯圆筒具有较好的浮力，因此，部分网箱仅在其内管中填充就可以满足整个网箱框架足够的浮力需求。②将HDPE管通过对焊机依次连接在一起，以焊接形成两根与网箱周长相等的管道。③将支架套在两根管道上。④将扶手穿过立柱上的孔，完成扶手组装。⑤将支架以预定的距离分布在管道上，其总长度约为HDPE管道长度的一半。⑥借助叉车或者滑轮，使HDPE管道弯曲，实现管道相反的两端相连，通过对焊机将管道、扶手进行对接焊缝。⑦将支架均匀地分布在对接后的圆形HDPE管道上，并对支架之间的距离进行校正，以确保支架之间的距离相等。⑧通过HDPE塞子将支架焊接在管道表面，或者使用链条将每个支架固定在浮筒上。⑨最后，组装沉降管（如需要），并将其临时固定在网箱浮管的走道上，以便于将浮管运输到深远海养殖项目实施区。

浮管组装完成即可将其滑入水中。操作中应足够小心，因为如果浮管的弯曲度超过临界极限，浮管管道可能会发生扭结或弯曲，且当网箱浮管组件滑过船坞时，可能发生损坏。

网箱可能设计装配了系泊支架，以承受更大的张力，尤其是需要长距离拖曳的网箱，一般都会装配系泊支架。如果网箱浮管上有系泊支架，牵引绳可以固定在系泊支架上。系泊支架的安装可以使浮管管道的厚度增加一倍，还可以防止牵引绳在HDPE管上滑动，从而避免牵引绳与网箱浮管的塑料组件之间发生磨损。在正式拖曳网箱浮管前，最好在浮管内管上安装加强绳。

摇曳时，如果网衣已经安装在浮管框架上，则船与网箱之间必须保持至少 50 米的距离，以防止螺旋桨对网衣产生破坏。如果网箱内已投放鱼苗，则该距离应至少达到 100 米。如果拖船的速度较快，则会对与船相对的一侧网箱框架前缘面产生向下的作用力。因此，建议在这些位置上安装浮子，以保持网箱浮管的平衡。

在养殖区，每个网箱框架通过系框绳与网格板连接以系泊在网格系统中。通常情况下，每个网格板上的两条系框绳用于单个网箱框架的系泊，由于单个网箱需要系泊在 4 个网格板上，因此每个网箱需要使用 8 条系框绳（图 3-3）。对于较大的网箱（直径大于 25 米），或者处于高度开放海域环境中，每个网格板需要 3 条系框绳固定单个网箱。系框绳在网箱框架上有固定的位置，对于确保网箱框架质量的均匀分布非常重要。应该注意的是，每条系框绳应该系在相对较远的支架另一侧，每对系框绳中一条系在支架的左侧，另一条则系在支架的右侧。

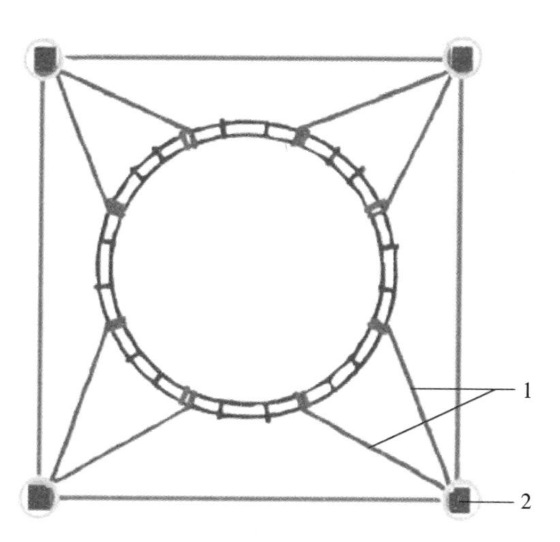

图 3-3　HDPE 网箱系泊图

1. 系框绳　2. 网格板

（改自 Cardia F，Lovatelli A，2015）

系框绳是关键的组件，如果安装不当，可能会影响网箱的整体性。预先设计、测量并标记系框绳系统，以避免在安装阶段发生任何错误。如果系框绳有一定的浮力，它们会阻碍拖船的移动，并且可能会缠绕在拖船的螺旋桨或者舵的周围。为了防止这种情况发生，建议在每条系框绳上增加一个质量较小的沉子。

（五）网衣安装

网衣的安装方式多样，不同的操作工人使用不同的方式。安装前需在平坦的地面上打开网衣，并仔细进行检查，以确保网衣不存在制造缺陷。如果网衣的连接点是网目拼接，则应准备足够数量的连接线，并沿着网衣进行装配。网衣与支架间连接线的数目应是网衣垂直线数目的2倍，每条线长1.5～2米（实际长度取决于支架的设计结构）。网衣与沉子系统间连接线的数目应与网衣垂直线的数目相等，这些线一般有几米长，具体的长度取决于网箱网衣的规格和沉子系统的模式。使用船载起重机将网衣吊入网箱内，它的顶部绳索固定在支架的扶手上，水下绳索固定在支架的底部，通过连接线将主绳连接到沉子系统。

二、工程化围栏养殖设施

工程化围栏养殖设施的主体由桩基（柱桩）与钢结构组成，其中桩基是围栏的主体支撑结构，桩基之间通过钢结构进行连接与加固，并在桩基上部建设各种功能性平台，共同构成了工程化围栏养殖设施。

（一）围栏桩基

桩基是深入土层或岩层的柱型构件，桩与连接桩顶的承台共同组成桩基。桩基的作用是将上部结构的载荷通过桩身穿过水和较弱地层传递到深部更坚硬、压缩性小的土层或岩层中，从而减少上部构筑物的沉降，确保构筑物安全。围栏桩基属于单桩结构，其承受的载荷为组合载荷，以水平抗弯作用载荷为主。

与陆上建筑物的桩基相比，围栏桩基建筑于海上，甚至是深远海海域，需要对海域的地理、地质、地形等勘测清楚，以确定桩型与施工方案。勘测需要考虑桩基的沉降、倾斜，地质的稳定性以及群桩效应。

围栏桩基的设计主要包括桩型设计与布局设计，设计原则主要是安全性、经济性与合理性，即在保证围栏设施整体结构安全的前提下合理布局，桩型与规格的选择都要考虑设施的构造要求，多方案比较，获得性价比最高的设计方案。

围栏桩基布局设计主要是确定围栏设施的桩基布置形式与桩间距。桩的布置形式有方形、矩形、三角形和梅花形等，围栏常用的桩基布置形式有单排布置和双排布置，大直径的桩多采用单排布置。桩的间距（中心距）一般根据土类、成桩工艺及排列来确定桩的最小间距，通常采用3～4倍桩径，主要是为了避免桩基施工引起土的松弛效应和挤土效应对相邻桩基的不利影响，以及群桩效应对基桩承载力的不利影响。对于大面积桩群，尤其是挤土桩，桩的最小中心间距宜适当增大，目前围栏设施的桩间距一般为5～6倍桩径。

围栏桩基主要承受网衣传导的水流阻力，以抗水平力为主，同时承受上部养殖平台的竖向荷载力。围栏桩基具有双重特点，既具有单桩的受力性状，又具有群桩的水平荷载性状。水平荷载下，单桩的受力过程性状分为3个阶段：第一阶段为直线变形阶段，即桩在一定水平荷载范围内保持稳定变形，卸载受力可恢复变形，桩土处于弹性状态；第二阶段为弹塑性变形阶段，即桩的水平载荷超过一个临界载荷后，桩的变形（水平位移）增量逐渐增大；第三阶段为破坏阶段，即水平载荷超过一个极限值后，桩周土出现裂缝，桩基不能回位。群桩的受力性状更为复杂，其影响因素主要是桩与桩之间的相互作用。桩的水平承载力计算方法根据地基的不同状态，主要可分为极限地基反力法、弹性地基反力法以及数值计算等方法。

（二）围栏钢结构

围栏的钢结构主要是基于桩基进行桩间的连接，并在桩基上部焊接养殖平台的主体构架，主要包括养殖、观光步道及养殖管理操作平台。

围栏设施建造于海上，钢材属于海洋用钢，一般参照海洋平台用途选取钢材特性，以下以海洋平台用钢为例进行介绍。

海洋平台的建造离不开钢铁材料，其种类包括钢板、钢管、型钢和钢筋。海洋平台对钢材的基本要求是能有效地进行冷（热）加工、装配、焊接，确保平台安全、可靠，以保证各种功能的有效发挥。其不同部位的钢种如表3-6所示。围栏钢结构的钢材可以参照对应强度级别需求进行选取。

表3-6　海洋平台用高强钢

强度级别（兆帕）	代表钢种	交货状态	应用位置
355	EH36/X52	正火（N）、控轧控冷（TMCP）	平台结构、管线
460	EQ47/X65	调质（QT）、控轧控冷（TMCP）	平台结构、管线
550	EQ56/X80	调质（QT）、控轧控冷（TMCP）	平台结构、管线、锚链
690	EQ70	调质（QT）	自升式平台、锚链
850	A514/A517	调质（QT）	自升式平台、锚链

很多设计规范及公式仅涉及屈服强度500兆帕级以下的中高强度

钢，更高强度钢虽然试验数据已经不断在充实，但还没形成设计规范，并没有被普遍接受和应用。

围栏钢结构的建造过程就是焊接过程，焊接的花费比重较高，提高材料的可焊性有助于降低焊接费用，从而减少围栏的建造费用。焊接的工艺优劣直接影响到围栏设施的整体结构强度以及使用寿命。

钢材是围栏设施建造材料中的主要组成，包括从桩基到上部的钢结构以及网衣的一些金属固定件等，而海洋环境又极易造成金属器材的腐蚀，因此，防腐技术和措施对于钢结构的保护至关重要。海洋中钢结构的防腐蚀措施主要有：选择耐腐蚀材料、阴极保护、涂镀层或包覆，内部构件也可使用缓蚀剂。其中耐腐蚀材料、阴极保护和涂镀层或包覆是目前围栏设施钢结构中常用的防腐蚀技术。选择耐腐蚀材料是首选，设计选材时一定要考虑材料的强度、韧性和可焊性等力学性能方面要求，但材料的腐蚀速率也是一个重要指标。在一定的寿命期限内，针对与海水接触的表面材料的改性也是可采取的延长海洋钢结构耐腐蚀性的措施，包括渗金属、激光重熔与合金化等。

三、养殖平台

深远海养殖平台的构造设计思路源于海洋平台，都属于钢质海上建造物，参考海洋平台的分类依据，深远海养殖平台可以分为坐底式、半潜式和全潜式养殖平台，养殖工船作为动力型养殖平台，不在本部分展开介绍。参照海洋平台的设计原理与步骤，从养殖平台的结构设计、强度设计及后期安装与维护等进行简要介绍。

（一）养殖平台的结构设计

养殖平台的设计原理、建造工艺及生产设备等都与造船相似，因此，目前深远海养殖平台的设计与建造也多由造船工业部门来承担。养殖平台的结构设计首先是根据平台作业海域的环境条件、底质、平台的养殖功能要求、安全性、营运性能、建造工艺和维护费用以及业主需求等选择平台的结构型式方案。由于平台长期固定或系泊于特定的海域中作业，它不像船舶那样，遇到大风浪可以避航，因此，在结构设计中准确地评估海洋环境条件显得非常重要。

为了进行结构安全性校核，需要进行外载荷计算、强力构件尺寸的初步确定和构件材料的选取等工作，最后进行结构的总体强度分析。

外载荷计算包括确定平台的浮力、结构重量、平台载荷，由风、浪、流引起的环境载荷，以及供应船与平台碰撞的载荷等，这些载荷直接影响着构件的布置、连接和尺寸的大小，是决定结构设计优劣的重要因素。对于坐底式（固定式）平台，还需进行桩基计算以及桩-土-结构相互作用的分析，如果是浮式（移动式）平台则需要进行运动性能分析和稳性分析，倘若不满足设计任务要求和有关规范，那么这种结构型式就要被淘汰。

结构设计的最后一个阶段是局部节点结构设计，平台节点是重要的结构部位，它的强度和施工工艺往往直接影响着平台总体结构的寿命。在整个结构设计过程中，除需进行有关的理论分析计算外，对诸如平台运动性能、局部结构应力状态、土壤基础特性等重要参数有时还需通过试验来解决。

平台在海上作业、施工时，海洋环境变化很大，海风、海浪和海流是任何平台都需要承受的外部环境变量，因此，其设计建造必须具备经受风暴等大风大浪条件的能力。

（二）养殖平台的强度设计与分析

以浮式养殖平台（半潜式与全潜式）为例简要介绍平台主体结构的强度设计与分析。

1. 平台整体结构强度设计

平台整体结构的强度设计分为局部强度设计和总强度设计。

局部强度设计主要根据重力/浮力荷载、结构入级规范和设计经验来进行。有些构件需要进行应力分析。许多构件既承担局部荷载，也承担总体荷载。例如浮筒和立柱外壳板，既承受静水荷载作用，也是抵抗总强度荷载的基本构件。这些构件往往具有较大的横截面积，具备抵抗总体荷载的能力。

总强度设计一般把结构作为空间框架梁体系，使用理论方法或软件工具进行应力分析。总强度荷载采用重力荷载与环境荷载的组合。环境荷载除了风、浪、流以外，还包括由于结构运动产生的惯性，以及锚泊、立管系统的响应力，波浪荷载和相应的惯性荷载是环境荷载中最重要的内容。在某些情况下，运输和安装作业荷载也可能作为设计的控制荷载。其中，Spar 平台比较特殊，因为它建造和运输时都是水平放置的，在安装时需要立直，运输时的波浪荷载和直立时的重力弯矩是很关键的总体控制荷载。

2. 浮体结构强度设计

浮式结构与船舶结构设计相似，主要由加筋板组成。加筋板不一定是平的，半潜式平台的立柱结构、Spar平台的外壳结构都是曲面板格的例子。这种有一定曲率的板格称为壳结构，加筋壳板作为一个整体，具有环向和轴向两个方向的应力，材料利用率高。还可以通过优化设计，调整板格的间距、板厚等，合理地平衡结构质量和建造费用。

常见的浮筒和立柱结构一般采用直的箱形梁构型。单个浮筒和立柱的作用类似船体梁功能。立柱和浮筒之间的连接等效为一个集中荷载。

3. 结构强度设计分析方法

结构有限元强度分析是海洋工程设计中的有效分析方法。结构的总体分析首先需要确定平台结构在作业及环境荷载下的内部应力，从而为更精细的结构分析确定关键荷载工况和关键结构，为板结构的设计和结构的稳性校核提供参考，还可以为局部结构的分析提供边界条件。分析使用ANSYS软件，相关的分析过程包括建立模型、设定边界条件、质量质心校核、荷载施加、控制单元分组和结构后处理等方面，流程图如图3-4所示。

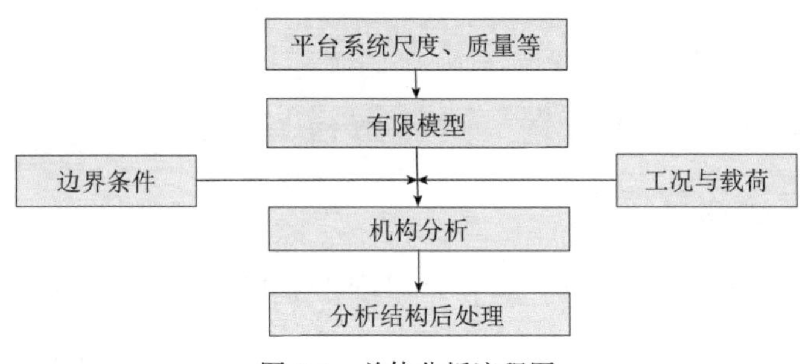

图3-4　总体分析流程图

依据结构单元的每个分组分析结果确定荷载及强度设计数据，可以有针对性地确定重点分析工况及单元。

（三）安装与维护

1. 养殖平台安装

养殖平台在岸上建造完成，一般使用运输驳船将其运至海上施工现场，然后下水，定位锚泊后，安装后续的结构设施与配套装备。

为防止平台在上驳过程中产生应力集中和变形，要使陆上与船上的滑道保持同一高度。驳船的纵倾要保持在最小限度，其载荷分布与驳船压载情况要用计算机事先计算。平台上驳后，在平台与驳船之间要焊接拉筋。焊接点要位于舱壁上方或其他有足够刚性构件的部位。从上驳地点到海上安装工地往往要经过长途拖航。拖航过程中由于驳船重心升高，其稳性恶化，过大的风浪还会使驳船产生剧烈的摇摆，在平台框架和拉筋上产生很大的应力，因此在拖航过程中要严格监测驳船的运动情况和应变情况。

对于中小型平台，可以一次在陆上总装成功。对于大型平台，可以分散下水，在海上合拢。

2. 平台维护

为保障海洋工程结构安全可靠，几年一度的大检修（如 4 年一次）是必需的。其检查应包括：原始结构构件的机械损伤和一般性腐蚀，原始结构构件焊接点的断裂和局部腐蚀，防腐蚀系统的工作状态，海洋生物生长范围和海底冲刷情况，杂、废弃物的积存情况，压载和其他机械张紧装置的工作情况。

在清除构件表面的附着生物之后，上述内容的检查可通过视觉检查（潜水员、水下摄像机）、超声厚度测量、防腐系统电势测量等手段进行。

第三节　网体材料与工艺

一、聚合物纤维网

近年来，网箱养殖的发展很大程度上是因新材料工业的发展而推动。合成纤维在网箱养殖产业发挥了关键作用，其主要用于制造网衣和绳索，新型聚合纤维研究的不断深入为网箱网衣和绳索提供了创新材料。相同的聚合物材料既可以用于网箱的制作，也可以用于系泊系统，在坚固性、可维护性和可靠性方面具有较强的一致性。最常见的聚合物是聚酰胺（PA，俗称尼龙）、聚乙烯（PE）、聚酯（PES）、聚丙烯（PP）和超高分子量聚乙烯（UHMWPE）（表 3-7）。其中，聚酯纤维和聚丙烯纤维可以编织在一起，形成具有两种聚合物特性的网状结构。上述聚合物均不溶于水，具有较好的耐化学性，因此非常适合在海洋环境中使用，并确保网箱养殖装备设施使用的耐久性和可靠性。

表 3-7 合成纤维的物理和化学特性

物理/化学特性	纤维类型				
	PA	PE	PES	PP	UHMWPE
韧性（克/旦尼尔*）	9	4.7～5.0	9	7	40
断裂伸长率（%）	20	25	14	18	3.5
抗紫外线能力	弱	一般	中等	中等	好
密度（克/厘米^3）	1.14	0.95	1.38	0.91	0.97
熔点（℃）	255～260	115～135	250～260	160～175	144～152
耐碱性	好	好	弱	好	好
耐酸性	弱	好	好	好	好
吸湿性（%）（温度 20℃，相对湿度 65%）	3.4～4.5	0.1	0.2～0.5	0	0

注：* 旦尼尔为非法定计量单位，1 旦尼尔＝0.111 特克斯。

（一）聚合物纤维理化特性

在开展深远海养殖项目过程中，养殖设施采用的网衣材料不同，其密度也会有所不同，因而在水体中表现的漂浮或下沉行为也有所差异。不同类型纤维的理化特性见表 3-7。

（二）网衣

网衣材料是所有养殖设施中造价成本最高的部分。网衣的设计、规格应针对每个深远海养殖项目的实际情况进行定制。具体应关注的重点要素包括：养殖设施的设计、制造，网衣和组件的强度，使用、处理和储存过程中强度的损失。

网衣制作可以选择有结节和无结节两种类型。目前，在网箱养殖业中，无结节网衣已经基本上取代了有结节网衣。无结节网衣的质量仅为有结节网衣的 50%，其生产成本低，具有较高的耐磨性，更加牢固且更易于处理。在设计或制作深远海养殖设施网衣时，需要考虑以下因素：纤维材料和特性、网目尺寸和形状、网的编织方法和颜色。

纤维在受到紫外线照射时会降解，随着时间的推移，捻线的断裂载荷会不断下降。在网衣更换后，重新安装前，应使用强度计定期检查每一张清洗或修理后的网衣。测量的结果应准确记录在案，如果网衣的纱线断裂载荷不符合相关标准，应将该网衣及时处理。网衣的可接受剩余强度情况取决于现场暴露度。例如，防跳网纱线的强度小于初始值的60%、侧网和基网的强度小于初始值的65%时，应该进行网衣的更换处理。

网衣的涂层也会影响其断裂载荷。一些防污涂层材料可将网衣断裂载荷提高5%～8%，而大多数涂层会降低其断裂载荷，有的高达30%。

深远海养殖设施使用的网衣一般有两种网目形状，即正方形和六边形。这两种网目形状在使用中并无明显的优劣之分，具体选择时主要是依据生产商或使用者偏好。在国外，网目形状也不相同，其中意大利更偏好于正方形网目，而希腊则偏好六边形网目。根据实际生产情况，以下经验作为网目形状选择的参考。

正方形网目优点：在强海流中，网目形状始终保持打开状态，水流能够轻易通过网目；在水中的耐久性较好，因为垂直载荷分布在对齐的网衣线上；易于维修管理。缺点：在制作过程中，由于需要剪裁成正方形网片，因此浪费较多；波浪作用对垂直运动的弹性较小。

六边形网目优点：养殖设施受到波浪作用时，垂直运动的弹性更大；剪裁少，制作过程浪费少。缺点：修复过程难度更大；网目尺寸大小测量难度高。

网目尺寸也是网衣制作中需要考虑的一个重要因素。在渔业中，网目尺寸指拉伸网目的两个相对结节之间的距离，通常以“毫米”为单位。在选择网目尺寸时，首先要考虑养殖鱼种的大小，养殖设施网衣的网目尺寸应小于鱼种或鱼苗的大小，但随着养殖鱼种的生长，可更换较大网目的网衣，鱼越大，网目尺寸就越大；对于不同养殖鱼种而言，鱼的平均质量和所需最小网目尺寸之间的关系都是确定的。同时，还必须考虑养殖鱼群的个体大小分布情况，如果养殖鱼种的个体大小变化范围较大，较小的鱼可能会从网目中逃脱。在选择网目尺寸时，养殖鱼类的形状和形态特征也是需要考虑的因素，某些养殖种类的嘴巴或下颌骨形状可能会导致其容易被网衣卡住，因此，应选择较为保守的网目尺寸。

编织特性是网衣的特征之一，具体指织网机对纱线进行编织的次数。根据编织水平对网衣的柔软度影响程度不同，其通常被分为软、中等和硬三种类型。在给定捻线数的情况下，较硬的编织物更加牢固，并具有更高的断裂载荷。然而，对于利用较硬的编织物制成的网衣而言，洗网机清洗时，由于捻线发生弯曲、网目形状收缩而可能会对其产生损坏。较软编织物制成的网衣也可能会产生收缩问题，但其不会发生弯曲。

尼龙网通常是白色。但是，如果养殖物种表现出对其撕咬的行为，则需要更换成其他颜色。例如，在白色网箱中养殖金头鲷，其会对网衣进行不断的撕咬，这些磨损点会吸引更多的鱼，并不断对该点进行撕咬，最终将其咬断形成一个破洞。在这种情况下，建议使用黑色的网衣。

（三）网体设计

不同养殖主体对于网衣的设计要求会存在一定的区别。这些具体的设计特点主要取决于深远海养殖设施的类型、养殖项目实施点的特征、产量计划以及生产管理员的养殖经验。网衣的细节必须与深远海养殖设施部件（浮管、立柱或支架、沉子和沉管等）的共同结构设计相匹配。

圆形浮式网箱通常由底网和侧网组成。侧网可分为潜入水下部分和水上部分，防跳网属于水上部分，其高度为从水面至扶手之间的高度。网箱主要通过绳索将网衣进行组装，即网箱包含网衣和绳索框架结构。网箱的所有质量都应由绳索来承载，网衣仅仅是为养殖物种提供一个空间，其并不具有任何结构功能。整个养殖设施的结构稳固性应与养殖项目实施点的暴露度相适应；绳索的长度、规格、材料和类型等的选择都应与养殖点环境相匹配；与绳索的选择一样，网衣的属性也应与养殖点环境以及养殖物种的大小和种类相匹配，在暴露度高的地方，应选择捻线数量多的网衣。

二、金属合金材料网

制作合成纤维网衣和合成纤维绳索的原材料消耗较大，而网箱网衣在养殖生产中污损附着严重，易造成水体交换不通畅，为了化解上述问题，人们开始探索将金属合金材料网衣应用于水产养殖业，近年来还在深远海养殖设施中进行了试验。养殖设施使用的金属合金材料网主要包括“铁丝＋”金属丝网和铜合金网。

（一）“铁丝＋”金属丝网

“铁丝＋”金属丝网具体指以铁丝为基础加入其他元素或其他元素组合涂层而形成的金属丝，常见的涂层元素包括锌、铝、铜等。将制成的

"铁丝+"金属丝按照养殖设施网衣设计需求进行剪裁、组装，形成金属网衣，用于水产养殖。根据涂层元素的不同，主要包括以下几种类型的"铁丝+"金属丝网。

1. 铁丝+锌铝合金金属丝网

该金属丝为三层结构，其中，最里层是铁丝，在铁丝外镀有铁锌铝合金层，最外层为特厚锌铝合金镀层，锌铝合金附着量为300克/米^2。

2. 铁丝+锌金属丝网

该金属丝为两层结构，其中，里层是铁丝，在铁丝外镀有锌层，镀锌层的附着量为350～700克/米^2。

3. 铁丝+铜锡镍锌合金金属丝网

该金属丝为两层结构，其中，里层是铁丝，在铁丝外镀有铜锡镍锌合金层，各金属元素的添加比例根据养殖设施网衣性能要求进行设计。

"铁丝+"金属丝的镀层不同，具体性能也有所差异。但突出解决的问题具有共性，即在水流、潮流、波浪等情况下，保持网箱容积，避免饲料转化率下降，促进养殖生物生长和发育，提高生产效率。

（二）铜合金网

铜合金具体指以纯铜为基体加入一种或几种其他元素所构成的合金。常用的铜合金分为黄铜、青铜和白铜3大类。1983年，美国国家环境保护局就铜对金黄色葡萄球菌、大肠杆菌、产气肠杆菌等细菌的杀灭作用进行过量化实验，发现铜可以在2小时内杀灭其表面99.9%的接触性致病细菌，能降低人们因频繁接触器物表面而受到细菌感染的风险。由于铜在海洋环境中具有天然的抗菌、防止海洋污损生物附着的作用，铜合金网衣网箱可为鱼类的生长和繁殖提供一个更清洁、更健康的水体环境。除此之外，铜合金网衣在海洋环境中的强结构和耐腐蚀特性使得网箱具有良好的容积保持率和较长的使用寿命。因此，研发海水养殖所需的抗菌、耐腐蚀铜合金网衣显得格外重要和迫切。自2009年以来，在山东、江苏、浙江、福建、广东和海南等沿海地区，用创新型的铜合金网衣替代传统合成纤维网衣呈现出快速发展的趋势。

在养殖设施网衣的制作中主要使用的铜合金是黄铜和白铜。目前，中国海水养殖网箱箱体应用的铜合金网主要是UR30材质，其含铜65%，含锌35%，另有少量锡、镍、铝元素，具体结构包括半柔性结构的斜方网以及刚性结构的拉伸网、编织网和焊接网。其中，铜合金斜方网应用较为普遍，优点是其所构成的箱体在海流条件下具有应变能力较强、不易折损、网与网间的连接方便、网片能单轴向卷叠、便于运输等优点；缺点是钩挂所形成网目的交接点是活动的，在海中浪、流的作用下，网目交接点始终处于移动、摩擦状态，使其表面生成的氧化保护膜被不断磨蚀，加快了网目交接点处的损坏。

铜合金网衣养殖设施主要由铜合金网衣和其他养殖设施等组成，特别适合高价值鱼类的高效、生态养殖。目前使用铜合金网衣养殖设施进行生产性养殖的鱼类种类较多，例如，中国的大黄鱼、金鲳、鲈、六线鱼、黑鳕、红鳍东方鲀等高经济价值鱼类，还有国外的鲑、鳟、黑线鳕、鳕、牙鲆、比目鱼等品种。铜合金网衣由于其材料的天然优势，具有超强的抗台风能力，在实际应用中多次经历了12级以上台风的直接冲击，网衣和养殖的鱼均未出现破坏和损伤，而尼龙网衣则存在严重受损情况。同时，铜合金网衣又如金刚罩，能有效抵御捕食者的攻击，保障鱼类安全。

三、网体装配技术

深远海养殖设施的网体主要由聚合物纤维网衣和绳索组成。网衣和绳索通过缝线组装在一起，缝线可以手工完成，也可以通过专用的缝纫机完成。

（一）缝线

网衣和绳索的缝线有2种类型：一是“网与网缝线”，这种缝线通常由缝纫机完成，使用的是尼龙线或尼龙/聚酯捻线；二是“网与绳缝线”，这种缝线可以采用手工或机器完成。用机器将网衣和绳索缝制连接在一起，通常有3种方式：单缝线，缝纫机在绳索上形成一条缝线；绳索内双缝线，这种方式将网衣固定在绳索上，避免绳索与接缝的分离；双缝线，绳索内一条缝线，绳索外一条缝线。

（二）网衣连接方式

在网衣的组装过程中，需要将绳索与网衣进行组装，主要的连接方式包括圈结、圆环和海用拉链。

1. 圈结

绳索上的任何结或接头都会降低其断裂载荷。拼接是连接两条绳索最为可靠的方式，这种方式尽可能地保留了绳索的断裂载荷，因此，建议在网衣的连接点选择拼接方式。养殖设施的绳索上有若干个连接点，以便将网衣正确地安装在浮管框架、扶手、沉降系统以及养殖设施的其他组件上。不同连接件的强度、耐磨性要求也各不相同。

顶部圈结，主要用于防逃网与扶手之间的连接，具体安装设置在顶绳上，或者垂直绳索的顶部。水平圈结，主要用于网衣和浮管之间的连接，这些圈结可以连接在水平绳索上，也可以连接在垂直绳索的水平面上。底绳圈结，主要用于网衣底部与沉子之间的连接，这些圈结连接在底绳或垂直绳索的底端位置。底部交叉圈结，该圈结位于养殖设施网衣底部的中心，所有的底部交叉圈结在此位置连接起来。

2. 圆环

圆环主要作为绳索外部或内部附件的连接装置，例如，在垂直绳索上（网箱外部），圆环可以用来把网衣固定在沉子上。根据材料的不同，可分为塑料圆环、不锈钢圆环和镀锌圆环，在实际使用中，可根据养殖主体的喜好进行选择装配。

3. 海用拉链

近年来，受多种因素影响，大型拉链在海水养殖网箱中被广泛使用，其主要用于快速、安全地固定网箱组件、网衣和网箱入口。从制造材料看，通常是塑料拉链，但其拉链齿要比用于服装的拉链大得多。

在一些大型养殖设施中，网衣可被海用拉链分成两个部分，以便于安装和拆卸过程中的搬运（单个部分网衣的重量仅为整个网衣的一半）。拉链装置还为潜水员检查网衣提供了一个通道，当检查完毕后，最好使用扎带对拉链进行固定。对于潜式网箱设施而言，海用拉链还能在网箱顶部帮助连接顶网和侧网。但海用拉链在使用中也有一些限制因素：一是拉链的成本较高；二是在安装使用时应特别小心，以确保塑料齿没有损坏，否则会增加发生故障的风险。

（三）网衣辅助组件

对于开放度高的养殖点，需要增加一些辅助组件以确保网衣和养殖设施的安全性，将网衣破损的风险降至最低。在水平方向上增加防磨板，可防止浮管或硬污垢对网衣的磨损。该面板通常安装在网衣的外侧，可由网目尺寸和捻线数量规格大于内网的网衣制作而成。防磨板应从顶绳到水平绳索下方至少0.5米处完全覆盖网箱网衣。此外，该防磨网还可设置于底网的中心位置，用于收集死鱼。在这种情况下，其制作材料应与主网相同或相似。

网箱的关键组件是底绳，底绳与侧网连接在一起，该连接点也是沉子与底绳连接的位置。为防止鱼从养殖设施的网衣中逃逸，可在底绳附近增加一块内衬网（加强网），制作的材料与网衣相同。该加强网缝制在底网和侧网上，距离底绳约50厘米。

鸬鹚、海鸥和其他鸟类可能对养殖鱼类产生威胁。如果鱼体较小，这些捕食者可以吃掉很多鱼。为了解决这一问题，在养殖设施上方布设防鸟网是一个可行的方法。该网的网目尺寸规格可以比较大（例如，100毫米），可以利用围着养殖设施一周的绳子来安装，必要时可通过斜交绳索来提高强度。防鸟网必须放置在养殖水体以上，因此，必须将该网固定在扶手上。如果养殖设施的面积较大，防鸟网可能会落到养殖设施的中心水面上，可以采用浮式支架将防鸟网从水中撑起，该支架由两部分组成：一部分是HDPE管组成的浮框，另一部分是撑起防鸟网的圆形结构。

第四节 设施海上安装

一、锚泊系统与技术

深远海养殖设施的主要组件需要在陆地上安装，因此需要选择较为空旷的环境，便于安装过程的实施。锚泊系统是养殖设施在水中的根基，目前，国内外常见的网箱锚泊形式有3种：一是传统的多点式锚泊，二是水面网格式锚泊，三是水下网格式锚泊。传统的多点式锚泊系统形式简单，但系统占地面积大。水面网格式锚泊系统通过将多个网箱连接在一起而使锚泊系统占地面积显著下降，但水深增加时锚由于要保持适当的抓力角度致使占地面积也相对较大。水下网格式锚泊系统将网格安装在水面以下一定深度，可以有效地减小锚泊系统占地面积。以下对水面网格式锚泊系统的构成与技术特征进行介绍。

（一）网格系统和系泊系统

HDPE圆形网箱通过一系列系泊缆固定在深远海养殖项目实施海

域的海床上，其中与系泊系统一起使用的还有方形网格系统。这是一个动态系统，所有的组件都固定在深远海养殖设施结构上，并固定于海床，其设计装配的主要目的是抵抗波浪力。系泊系统可以分为 2 个组件部分，分别是系泊缆和网格系统。其中，系泊缆包括锚、地链、钩环和浮子；网格系统包括框架绳索、浮子、连接环或连接板、系索和钩环。

在网格系统中，深远海养殖网箱并不是独立的系泊，而是在模块中实现聚合。在深远海养殖项目中，常见的模块由 6、8 或 12 个网箱设施组成，平行安装为两列。较大的模块通常在遮蔽场所使用，包括由 3×12 网格系统连接的 36 个网箱，但这种较大系统需要考虑系泊组件内氧气的可用性和总负荷。

如果网格系统内的网箱数量超过 8 个，在海流和波浪的作用下，可能导致网格的中部出现凹陷（图 3-5）。在不能减少网箱数量的情况下，为了解决上述问题，需要在网格系统正对海流和波浪的方向上加倍系泊缆数量，并进行交叉固定，因此需要更多的锚（图 3-6）。此外，为了加强网格系统的角点，可以在网格系统的一个或多个侧面安装角锚。

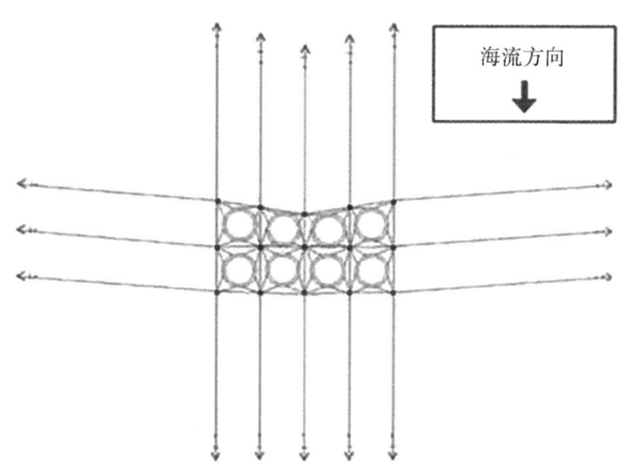

图 3-5　海流和波浪作用导致网格系统变形
（改自 Cardia F，Lovatelli A，2015）

系泊系统的安装可以采用单系泊系统或双系泊系统。其中，单系泊系统主要用于浮式网箱系统，双系泊系统则主要用于全潜式养殖设施或者高能场所。对于全潜式养殖设施而言，在其潜入水中时，网格作为悬挂框架，双系泊系统中一个系统固定在系泊缆上，另一个固定在网格角上。

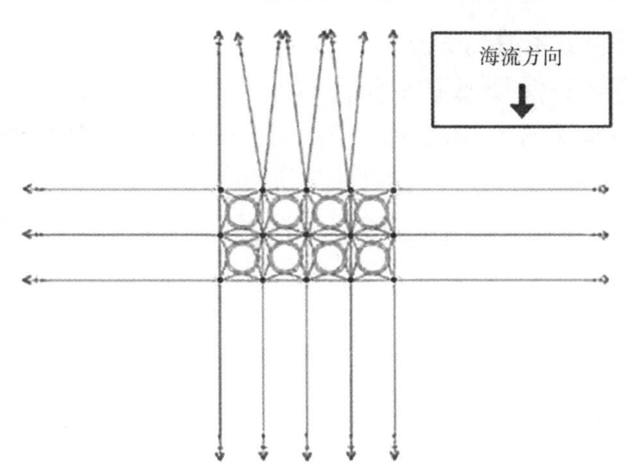

图 3-6　中间系泊缆加倍后的网格系统
（改自 Cardia F，Lovatelli A，2015）

（二）养殖区空间

深远海养殖项目的实际用海面积，不仅需要考虑其养殖设施所占面积，也需要考虑保障其养殖设施安全的系泊系统的占海空间。因此，深远海养殖项目实际占用的海域面积称为该项目的养殖区空间。HDPE 网箱系统的养殖区空间远大于其可视的浮式框架组件部分占据的面积（图 3-7）。浮式组件（浮标和网箱）仅占据网格系统的一小部分空间，而较

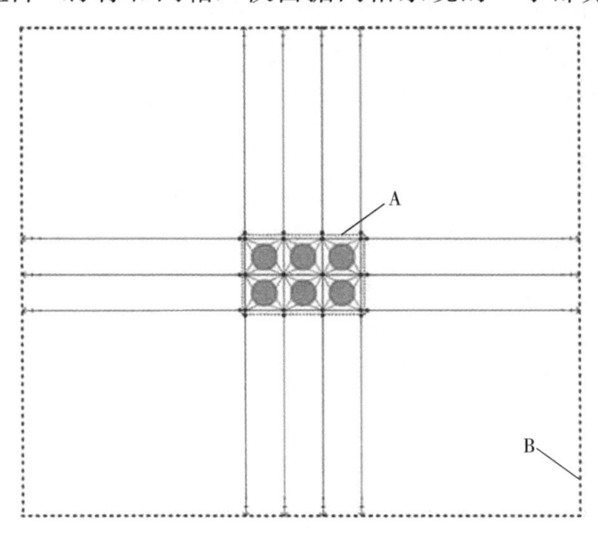

图 3-7　网箱养殖系统的养殖区空间示意图
A. 浮式组件占据的面积　B. 该项目的实际养殖区空间
（改自 Cardia F，Lovatelli A，2015）

大的水下区域将被系泊缆所占据。

为了便于计算深远海养殖项目的养殖区空间，系泊缆的长度至少应是养殖区域水深的 4～4.25 倍，这是因为当锚和系泊缆之间的夹角为 9°～12°时，锚的负载力可以达到最大水平。因此，网格系统的尺寸加上养殖区域水深 4～4.25 倍的长度，即为深远海养殖项目实施所需的养殖区空间。

（三）系泊点

不同类型的锚适用于不同类型的养殖海域底质环境。其中，犁锚多用于泥质底质或沙质底质，而对于砾石底质的环境则应选择混凝土块作为锚，对于固定在岩石上的锚，岩石销即视为系泊点。

当锚被固定在淤泥或压实的沙质环境中时，这些锚的承载能力可以达到其质量的 20～50 倍。将混凝土和锚组合在一起也是一种系泊设备，此时，混凝土块的质量必须与其所承受的阻力成比例。

通常情况下，混凝土块上有一个用于插入安全链的通孔，安全链可以用于提起或移动混凝土块，同时也是系泊设备的附加安装措施。与相对较窄剖面的混凝土块相比，面积较大的混凝土块对海床的附着力更大。如果该混凝土块具有凸出的底部，它将通过产生吸力作用来增加对海床的附着力，尤其是在软沙或泥质底质环境中。

（四）系泊系统安装

在安装网格系统时，使用角板和钩环（案例介绍）与使用圆环的安装步骤和操作顺序会有所不同。一般而言，系泊系统的方向取决于深远海养殖项目实施海域的主要海流方向或波浪运动方向。如果不存在其他原因，网格的安装方向应确保养殖鱼类能够获得最佳的氧气供应，以及最大数量的系泊缆固定在养殖设施上使其免受主要海流和波浪的影响。为了较为直观地反映系泊系统的安装过程，以安装 3×2 网箱的系泊系统为例介绍安装要点，这一模块系统包括 3 条主绳、8 条框架绳和 8 条系泊缆（图 3-8）。

上述主绳、框架绳和系泊缆都将依次部署在深远海养殖项目选定的海域。不同绳索或组件的连接主要通过适当尺寸的钩环进行，如角板或圆环等。

1. 陆地上构建组装

系泊系统的组装一般从陆地上开始。首先，绳索必须以正确的方

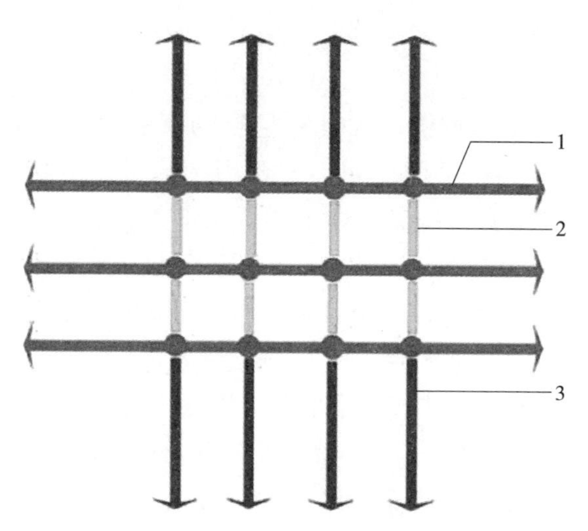

图 3-8　系泊系统示意图
1. 主绳　2. 框架绳　3. 系泊缆
（改自 Cardia F，Lovatelli A，2015）

式展开。正确的步骤应该是：将绳索圈放在线轴上，使其自由旋转，自由端拿在手中离开线圈，可以避免线圈扭曲和打结。系泊缆、框架绳和主绳等绳索应以这种方式打开。装配过程应从主绳开始：①系泊缆 5 与角板 7 连接；角板 7、8、9 分别通过框架绳 11、12、13 连接，实现组件之间相互连接。②角板 10 与系泊缆 6 连接（图 3-9）。③将上述 2 个过程组装的部分主绳分别放置在 2 个托盘中，随后，将托盘装载在安装船上。这些构件连同 2 个锚及锚链组成 1 条主绳。

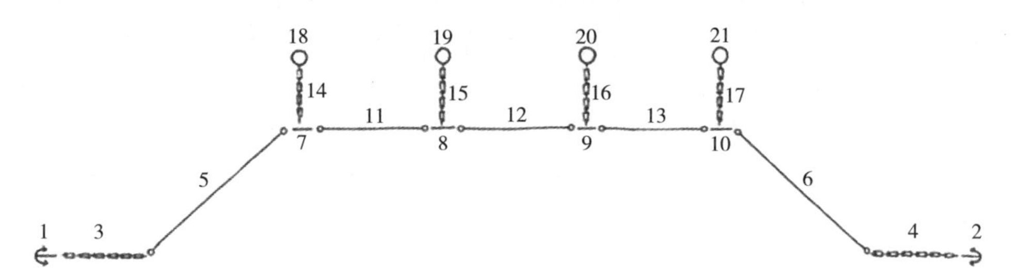

图 3-9　主绳组件结构示意图
1、2. 锚　3、4. 锚链　5、6. 系泊缆　7～10. 角板或圆环
11～13. 框架绳　14～17. 浮子链　18～21. 浮子
（改自 Cardia F，Lovatelli A，2015）

然后，将浮子与浮子链相连，装载在安装船上。浮子链可用绳索捆扎起来，防止打结。

最后，准备锚和锚链，锚链可以用绳索捆扎起来，防止打结。

2. 装船

安装船上应配备起重机，并具有足够的牵引力。船速的要求不高。船的甲板上应有足够的可用空间，主要用于装载以下组件：2 个锚、2 条锚链、2 条浮锚拉索、托盘、浮子和浮子链。

不同组件在甲板上放置的位置应准确。第一个锚部署后，其将拖出所有相连的组件。因此，每个系泊部件必须能够自由移动，而不会缠绕或卡在安装船上的其他配件上。一旦组件被放置在船上，它们将被连接在一起，每条主绳被组装成 2 个部分，以便于进一步安装和部署。

主绳第一部分区段组装：将锚链 3 连接至锚 1；将浮锚拉索与锚 1 连接；将锚链的末端连接到系泊缆 5 的套环上，系泊缆 5 放置在托盘顶部；将浮子链 14、15、16 分别连接到角板 7、8、9 上，这 3 个角板用绳索缠绕，放置在托盘上。

主绳第二部分区段组装：将锚链 4 连接至锚 2；将浮锚拉索与锚 2 连接；将锚链的末端连接到系泊缆 6 的套环上，并妥善放置在托盘上；将浮子链 17 连接至角板 10。

所有上述连接必须使用正确尺寸的钩环。

3. 海上安装

在进行海上安装时，可使用另一艘较小的船只作为辅助船，以回收浮子、检查起重袋，并协助对齐浮子。

深远海养殖设施的系泊系统必须放置在项目许可证规定海域范围内的预先确定位置。因此，锚必须安装在预定点，以确保网格系统的正确结构。GPS（global positioning system）用于定位锚的准确位置，并用临时浮子予以标记。临时浮子有以下特点：质量较小，5～10 千克；绳索长度与水深相同；体积较小。这些标记浮子可以被准确放置和移动。

（1）主绳安装　锚 1 放置在预定点后，安装船以中等速度向前移动，并依次将系泊缆和连接到角板的浮子等放置在水中。然后，安装船反向行驶，从锚点位置开始部署第一条主绳的第二部分，逐步接近之前放置在海中第一条主绳的第一部分。完成第一条主绳的安装后，其第一部分和第二部分通过框架绳 13 和角板 10 连接。两个锚之间的距离应小于其安装结束时所占用的距离，以保证该主绳保持松散的状态，有助于完成框架绳 13 和角板 10 之间的最后连接。通过上述过程，第一条主绳的所有组件完成安装和布置。在保持主绳之间平行的情况下，依次安装其他主绳。在开始安装侧面绳索之前，应通过牵引锚的锚链、浮锚拉索将 3 条主绳拉紧，以确保锚固定在最终位置。在投放锚的过程中，不能采用自由沉降的方式投放，应采用滚筒绞车逐步下降至海底，尤其是使用犁锚时应注意。

（2）框架绳和侧面系泊缆的安装　主绳安装完成后，需要连接角板与框架绳，由潜水员来完成这项工作。安装船或辅助船可以通过拖曳主绳的方式拉近 2 个角板之间的距离，以便于框架绳的连接。

之后进行侧面系泊缆的安装。锚的部署点已经通过临时浮子进行了标记，系泊缆的构件（锚、锚链、浮锚拉索、卸扣和绳索）应在下水前在安装船上装配好。部署程序如下：在预设点上投放锚；将安装船移向网格系统浮子以连接系泊缆；安装船到达浮子处，安装船系泊在浮子上，潜水员将系泊缆的末端钩环连接到角板上；对同一侧的其他系泊缆重复该操作，然后对另一侧的系泊缆重复该操作，完成侧面系泊缆的安装。

（3）安装后检查　在完成整个系泊系统和网格系统的部署后，紧固所有的绳索以确保网格系统保持方形，以及所有锚都均匀地分担载荷。实施该操作过程中，可以在安装船的船尾设置 V 形拖缆完成紧固绳索作业。每个网格对应锚的浮锚拉索也可以使用该拖缆进行紧固。

首先，应紧固在网格系统同侧的与主绳连接的 3 个锚。在操作工程中，由于锚的拖移，与其所连接的浮子也开始移动，并且随着拖移的拉力增加，浮子会逐渐下沉。浮子的对齐校准可通过系泊在浮子上的辅助船进行验证，该辅助船还可在紧固绳索期间为安装船提供方向指引。通过观察浮子的浮力，用以评估安装船对锚施加的张力大小，当锚的位置准确固定后，还可指示安装船停止牵引紧固作业。如果绳索太松，浮子上浮的高度则较高；如果绳索太紧，浮子就会出现下沉，绳索越紧，浮子淹没的越深。然后，对网格系统的另一侧与主绳连接的锚进行紧固作业。最后对其他系泊缆进行紧固作业。

二、坐底式围栏设施工程

坐底式围栏设施的海上施工与安装主要包括桩基施工和钢结构焊接施工，本部分介绍这两个施工阶段的主要流程与工艺。

（一）桩基施工

1. 桩基的施工准备与施工方案

围栏设施的桩基施工属于海上桩基作业，施工准备因各种桩的施工技术、工艺、设备，以及各自需要的施工条件、质量措施、安全生产、环境保护和施工管理等不同而各不相同。各类桩基施工准备与方案既有共同性又各自具有特殊性，施工步骤如下：①围栏桩基选址海域环境信息确认。调查海域水文、地质、海底构造物等情况及对施工的影响等。②桩基的布局与放线定位，编制施工平面图。基于围栏的整体桩基布局，放基线，并设置水准基点以控制桩基施工标高。③桩基的准备与检查。包括桩基材料确认、预制桩的制桩质量检查、钢管桩的质量检查等。④打桩前的准备工作。针对不同的设计桩型，选择相对应的打桩机，同时为钻孔桩施工配备好泥浆。⑤试打或试成孔。编制施工组织设计或施工方案前进行桩的试打或试成孔。⑥制定技术措施。制定保证工程质量、安全生产、劳动保护、防火、防止环境污染和适应季节性施工的技术措施以及文物保护措施。

2. 钢桩施工

钢桩基础通常指钢管桩、H 形钢桩及其他异形钢桩，其中，钢管桩是目前围栏设施最常用的桩基。钢桩的焊接是钢桩施工中的关键工序，应符合下列规定：必须清除桩端部的浮锈、油污等脏物，并保持干燥，下节桩顶经锤击后变形的部分应割除；上下节桩焊接时应校正垂直度，对口的间隙宜为2～3毫米；焊接应对称进行；应采用多层焊，钢管桩各层焊缝的接头应错开，焊渣应清除；当气温低于0℃、雨雪天及无可靠措施确保焊接质量时，不得焊接；焊接质量应符合《钢结构工程施工质量验收规范》（GB 50205—2020）和《钢结构焊接规范》（GB 50661—2011）。

钢桩的沉桩方法较多，应结合工程场地具体地质条件、设备情况、环境条件、工期要求等选定打桩方法。目前常用的是冲击法和振动法，但由于对噪声和振动的限制，目前采用压入法和挖掘法的工程逐渐增多。

3. 灌注桩施工

灌注桩是围栏设施选用的桩基础类型之一，在大陈岛围栏及温州洞头鹿西岛的围栏设施中都采用这种桩基。灌注桩的成孔工艺，按桩所穿越土层的性质、桩端持力层的条件、地下水位情况等，可采用钻、冲、抓和挖等不同方式。

围栏桩基常用泥浆护壁成孔灌注桩施工，具体过程为：①施工的准备与施工方案的制订。按规定和标准执行并完成施工准备与施工方案制订，调试好设备，准备施工。②清孔。使用循环冲洗液清除孔壁泥皮和孔底沉渣，为导管法灌注水下混凝土创造良好条件，保证桩身质量。③钢筋笼的制作与安放。根据设计要求布设好钢筋笼，固定或焊接连接点，保证保护层厚度均匀。起吊钢筋笼并垂直安放入孔，检查安放位置后用吊筋固定。④水下混凝土施工。按规定要求配比拌制好混凝土，并做好灌注准备，确认导管拼装与对接紧密，初灌后埋固导管，然后迅速开始正式灌注，时间不宜超过8小时。随着灌注的高度升高，逐步提升导管，完成灌注后及时处理吊筋并拔出护筒。⑤工程验收。灌注桩施工完成，按照相关标准进行验收。

（二）钢结构焊接施工

围栏的钢结构焊接主要是钢桩上部连接支撑与养殖操作平台主体框架的焊接，由于焊接施工处于海洋环境，施工操作相比陆上施工具有更高的难度，且围栏钢结构的设计和一般的钢结构不同，对于焊接的综合性能要求较高，对于钢材要求也比较高（具备良好可焊性）。

1. 焊接前准备

焊接材料的选择：根据平台构件的用钢等级和平台设计要求，选用与之相匹配的焊条、焊丝和焊剂。

焊接前检查：检查焊接设备，并根据钢结构焊接顺序安全有序地放置好焊接设备；验证工作人员的焊接资质，确保焊接施工的安全；施工环境检查，确认硬件配套设施及海洋、气象条件符合施工要求。

2. 焊接操作

钢结构搭建：根据设计图纸及焊接工艺要求，按照顺序搭建钢结构并固定。

焊接方法：目前围栏养殖设施的钢结构焊接主要采用电弧焊，且多采用手工焊。

焊接流程：自起点开始，先对称焊接中间，再向两旁延伸，以“单杆双焊，双杆单焊”原则为基础，慢慢靠近合拢点。

焊接质量控制：随时目测焊接外形尺寸，并注意焊接位置的清理，通过实施破坏性、非破坏性试验检验焊接接头的质量。

3. 焊接检验

依照项目要求及设计图纸对焊接的长度、质量等进行检验，尤其注意焊接的尺寸及外观，应符合国内相关现行标准，为钢结构焊接提供保障。最后是无损检验，目前，磁粉检验、超声波检验、射线检验等是较为常见的无损检验方式。

对于围栏钢结构施工来说，焊接是核心工序，直接影响工程整体质量与安全，一定要按照相关标准和规范进行施工，严格控制施工环境与人员的安全，提升工作人员的监督意识与技术能力，加强质量控制，使钢结构施工安全与质量得到保证。

第五节　深远海设施养殖模式与技术

一、鱼种选择与活鱼运输

（一）鱼种选择

深远海养殖鱼种选择和鱼种质量是决定项目成功与否的关键因素，其可以直接影响到养殖成鱼产品的质量、生产过程成本以及成品的整体形象。在选择养殖种类时，主要从鱼类生态、生物学特征及养殖效益等方面考虑。

1. 鱼种选择依据

深远海养殖项目投资大、海况条件复杂，因此在选择养殖品种时，既要考虑生物适应性，还要考虑经济性。深远海养殖项目实施海域的海况条件恶劣，经常会受到风暴等影响，因此，选择养殖鱼种时，在考虑水质条件的同时，也应对恶劣天气加以考虑，避免在特殊海况条件下养殖鱼类的损失。

2. 主要养殖种类

从国外主要养殖种类、中国试养种类及拓展种类 3 个方面介绍。

（1）国外主要养殖种类　大西洋鲑是目前世界上最主要的养殖鱼类品种之一，也是目前人工养殖产量最高的冷水性鱼类。挪威、智利、加拿大、英国、丹麦、俄罗斯及澳大利亚都是大西洋鲑的主要养殖地。世界上离岸海水养殖最成功的当属挪威大西洋鲑养殖产业，挪威特隆赫姆峡湾属温带海洋性气候，浪高不超过 5 米，气温介于－10～20℃，水深 100～300 米，主要养殖经济价值高的大西洋鲑，年产量超过 100

万吨，年产值超过50亿美元。成鱼养殖适宜水温12～20℃，最适水温16～18℃，最高水温不得超过24℃；流速0.02～0.16米/秒；溶解氧5毫克/升；氨氮0.75毫克/升。中国也开始尝试深远海鲑鳟鱼类养殖，中国海洋大学、青岛武船重工有限公司和日照市万泽丰渔业有限公司联合设计的大型智能网箱——“深蓝1号”开展大西洋鲑的养殖试验性生产，容积5万米^3，年生产能力可达到1 500吨。

鰤是国际上已成功开发的大洋性经济鱼类之一，是日本海水网箱养鱼产量居第一位的重要养殖对象。鰤是鲈形目、鲹科的一种中型海水鱼类，分布于日本海及中国台湾以南海域；盐度适应范围为16～34，最宜范围为20～25，其对高盐度的适应能力较强，对低盐度的适应能力较差，当盐度低于16时，就会死亡；水温范围在20～30℃时，生长很快，水温低于15℃时，则停止生长，当水温低于10℃时，鱼便死亡；主要养殖方式为海水网箱养殖，一般养殖1～2年即可收获。

（2）中国试养种类　中国开展深水网箱或深远海养殖时间较短，尤其是深远海养殖项目的养殖种类主要处于试验阶段。

大黄鱼是鲈形目、石首鱼科、黄鱼属鱼类，体长40～50厘米，分布于黄海南部、东海和南海。栖息于沿岸及近海沙泥底质水域，大多栖息于水深60米以内的中下层。厌强光，喜混浊水流，黎明、黄昏或大潮时多上浮，白昼或小潮则下潜至底层。最佳生长水温为20～22℃；溶解氧保持在5毫克/升以上；pH稳定在7.85～8.35。为保持养成鱼体色为金黄色，养殖后期需在养殖设施上加盖遮阳物控制光线。

军曹鱼是鲈形目、军曹鱼科、军曹鱼属鱼类。体延长而近于圆柱状，最长可达2米，质量达50千克。喜沙泥底质、碎石底质、外海的岩礁区等海域，常栖于外海深水区，有时为追索食饵游至上层，游泳速度快，但不结群洄游。在中国南海和东海较常见，黄海北部很少见。广盐性鱼类，盐度4～35时有明显的索饵活动，较大个体对低盐的耐受力弱。军曹鱼不耐低温，水温低至20～21℃，摄食量明显降低，19℃不摄食，17～18℃活动减弱，静止于水底，16℃开始死亡；水温22～34℃有明显的索饵活动，水温升至36℃，虽有摄食行为，但已开始死亡。溶解氧保持在5毫克/升以上。pH稳定在7.8～8.5。

卵形鲳鲹是鲈形目、鲹科、鲳鲹属鱼类。暖水性中上层洄游鱼类，集群性较强，成鱼时向外海深水移动。在中国分布于南海、东海和黄海海域。20 世纪 90 年代后期，深圳、湛江、潮州、茂名等地相继开展卵形鲳鲹人工繁育并达到规模化生产水平。该鱼属广盐性鱼类，适盐范围 3～33，盐度 20 以下生长快速，在高盐度的海水中生长较慢。适温范围为 16～36℃，生长的最适水温为 26～30℃，耐低温能力差，当水温下降至 16℃以下时，停止摄食，存活的最低临界温度为 14℃。溶解氧保持在 5 毫克/升以上。pH 稳定在 7.5～8.6。

点带石斑鱼为热带中、下层鱼类，喜栖息于岩礁底质海区，为名贵鱼类，分布于中国东海、南海等海域，可进行网箱养殖。可生活在盐度 11～41 的水域，最适水温 22～28℃，18℃以下食欲减退，15℃以下鱼体失去平衡。

赤点石斑鱼为暖温性中、下层鱼类，属名贵鱼类，分布于中国东海、南海等海域，已进行人工繁殖，是网箱养殖对象。适宜温度为 22～30℃，最适温度为 24～28℃，当水温降至 20℃，鱼的食欲减退，水温低于 13℃或超过 32℃，鱼活动减少或不游动，摄食量大幅度减少甚至停止摄食。盐度适应范围为11～41，最适宜盐度为 20～32。

青石斑鱼为暖水性中、下层鱼类，属名贵鱼类，分布于中国东海、南海等海域，可用网箱养殖，为暖温带鱼类。适宜水温为 15～34℃，最佳生长水温为 22～28℃；耐盐范围广，可在盐度大于 10 的海域生存；喜欢栖息在近岸以沙石、珊瑚等为底质的海域，为非群居性鱼类；春季及初夏季节活动水域水深为 10～30 米；盛夏其活动水域较浅，在水深 2～3 米处；秋冬季节随水温的下降，其活动水域不断加深，会出现在水深 40～80 米海域。

棕点石斑鱼为鲈形目、鮨科、石斑鱼属的鱼类，栖息水深 1～60 米，属于暖水性近岸及珊瑚礁鱼类，具适温广、生长快、肉味鲜美、抗病能力强、营养价值高的优点，是福建、广东、台湾和海南等地区的重要名优养殖品种。水深要求在 15 米以上；水温 18～30℃，盐度 25～32；溶解氧保持在 5 毫克/升以上；pH 7.8～8.5。

（3）拓展种类　目前，已开发的适宜中国深远海海况养殖的优良种类很少，特别是北方沿海，成为制约深远海养殖发展的瓶颈之一。

太平洋蓝鳍金枪鱼一般指东方蓝鳍鲔，是大洋性表层洄游鱼类，广泛分布于太平洋地区，成年后常见于西北太平洋海域。2004 年，日本近畿大学水产研究所突破了分布于北纬 20°～40°温带水域的东方蓝鳍鲔的全人工养殖技术，并进入规模化养殖推广阶段。该种类通常生活在水温 13.5～23℃的水域，最低水温不低于 13℃，养殖区域应处于开阔的海域，具有良好的水体交换能力以及充足的溶解氧，水深一般在 30～50 米。太平洋蓝鳍金枪鱼的养殖周期一般为 2～3 年，上市规格通常在 30～70 千克。

绿鳍马面鲀属鲀形目、单角鲀科，分布于中国东海、黄海、渤海等海域，属于外海近底层鱼类，常生活于水深 50～120 米处。生存温度 9～30℃，养殖最适温度 20～28℃，盐度在 20 以上，pH 稳定在 6.8～8.3，溶解氧 5 毫克/升以上。具有生长速度快、养殖周期短、抗病性强、越冬条件宽松等特性，是深远海养殖的可选鱼种。

黄条鰤属鲈形目、鲹科、鰤属，是一种海洋暖温性中上层掠食性鱼类，生长速度很快，通常在表层水温 20～25℃时觅食活跃，主要分布在渤海、黄海和东海。通常栖息于 3～50 米水深，在水温 15℃、盐度下降至 25～26 时，摄食减少，10℃以下基本停止摄食，盐度降至 8 以下时，会引起死亡。目前，采用工厂化育苗方法，可以培育出平均全长 13.6 厘米、平均体质量 28.4 克的黄条鰤大规格苗种数万尾。在中国北方地区采取“海陆接力养殖模式”，每年 5 个月的适宜生长期体质量可增加 2～3 千克，为深远海养殖发展提供了可选的优良养殖品种资源。

（二）活鱼运输

活鱼运输是深远海养殖项目实际生产过程中的一个重要环节，具体包括幼鱼从孵化场转运到养殖场所在海域的码头，再从码头转运至深远海养殖区。根据鱼种的数量和个体大小，这些养殖鱼类可以通过运输箱或塑料袋（装满水且充氧）运送到养殖区。

1. 塑料袋活鱼运输

这种方式适合于数量较少且个体较小的鱼苗。一般情况下，不建议从 1～2 克的鱼苗开始进行养殖，因为深远海养殖设施所处的环境不适宜如此小的鱼苗生长和生存。用塑料袋运输的鱼苗必须经过仔细的驯化后才能放入网箱或水箱中。首先，使塑料袋漂浮在将要投入的水中，以实现温度平衡。然后，打开袋子，使袋子内部和外部的水慢慢混合在一起，随着水交换量的增加，鱼苗会慢慢适应新的环境。最后将鱼苗释放到养殖水体中。

如果鱼苗的个体足够大，则可以直接通过运输箱进行转运。可以采用不同的方式将鱼苗运送至养殖设施所在的区域，包括使用可拖曳的运输网箱或配备水箱的船。

2. 拖曳网箱

将养殖网箱与系泊系统分离，然后拖曳至码头附近。在码头，鱼苗从卡车转移至网箱。然后，将装有鱼苗的网箱重新拖回至养殖区，并系泊在固定位置。如果要拖曳网箱，需要注意以下事项：①检查码头所在地的环境。开展水下勘测，以确保水深条件，以及是否存在可能损坏网衣的岩石或其他障碍物。②根据码头附近的水深条件，适当减小网衣的高度和沉子的长度。③增加网箱前缘沉子的配重。④附加2～3条牵引绳，固定在网箱前缘面的沉子上，这将有助于减少网箱变形，以保持网箱内部容积。⑤慢速运送鱼苗。建议航行速度为1～2节，并根据流速适当变化。⑥在拖曳过程中，定期检查鱼苗情况。潜水员应注意检查鱼苗的疲劳程度，以及是否被水流压在网箱的下流侧，如果发生这种情况，表明拖曳速度过快，需及时减慢航行速度。

应充分考虑流速以及网箱大小等情况，选择有足够功率的大型船舶来完成该作业过程。

3. 运输箱

鱼苗运输箱应装配有增氧设备、进出水阀门以及靠近箱体底部的大闸门。该箱体由绝缘材料制成。在箱体底部的大闸门上可以安装一个滑道，方便放鱼。塑料软管可以固定在该滑道上。

由于运输箱中装载有水，因此船的最大装载能力将受到限制。船上装载的运输箱数量和容积是优化运输作业过程的关键因素。如果卡车装载鱼苗的密度适合公路运输1天或1天以上，则船上运输鱼苗的密度可增加1倍甚至2倍，因为在此操作过程中，运输箱中的水（与卡车上的水不同）已被更换。

二、饲料与投喂系统

（一）饲料管理

在深远海养殖项目生产过程中，投料是最重要的优化管理任务，这也是提高生产效率的必要条件。大多数养殖项目的主要目标就是以最低的成本生产最高质量的鱼。饲料通常占养殖项目运营成本的

50%～75%。

饲料必须贮存于仓库中，其应满足以下条件：专门用于贮存饲料；湿度低；温度低于40℃；无害虫；仓库内所有表面保持干净；进入需要授权。仓库还需要满足便于管理的其他条件，例如可使用叉车，空间足够大。

在饲料贮存中，应注意给予陈饲料优先权，即“先进先出”原则。具体而言，当有新饲料要进入仓库时，应将陈饲料转移至随时可取用的位置，防止因新饲料的贮存而影响陈饲料的出库使用。

在深远海养殖项目实施过程中，如果没有采用集中供料系统，则需要使用专用饲料供应船。饲料船的大小、数量和特性取决于养殖项目的规模、产量计划和投喂策略。饲料船的装载能力必须依据供料峰值来确定。在饲料装载过程中，还需要考虑物流设施（码头、港口）的健全程度，便利的装载设备有助于简化操作，减少整个投喂活动的时间和成本。

饲料需求和饲料转化率随环境的变化而变化，例如氧气、温度、水质、流速、光照强度以及日照时长等因素。饲料利用率也随着养殖对象摄食情况和生理条件的变化而变化，例如年龄、个体大小、生长阶段、应激水平和内源性生物节律，这些因素都会导致投喂量和投喂时间的不确定性，从而出现投喂不足或投喂过量的情况，直接影响到整个项目的经济效益。应以占养殖对象体质量的百分比来表示日投喂量，需要考虑的主要因素包括鱼的大小、水温、饲料成分（营养要求）等。

一般而言，养殖对象个体较大，也应选择较大饲料颗粒进行投喂，这将有助于确保最佳的饲料转化率。随着养殖对象的生长，需要更大颗粒的饲料，颗粒从小到大的替换应较为平缓，并在一个月内完成。在这个过程中，应同时投喂大颗粒和小颗粒饲料，并且保证小颗粒饲料的占比逐渐减少，而大颗粒饲料的占比逐渐增大。这种方式有助于养殖对象适应新的饲料大小，群体中的小鱼有额外的时间来增加它们的个体大小，以转而摄食较大的颗粒饲料。投喂时，应先投喂大颗粒饲料，然后再投喂小颗粒饲料。

（二）投喂系统

开发高效的设备、投喂程序以及技术是提高养殖管理技术和效率的重要方向，尤其是在饲料成本占总的运营成本比例较高的情况下。在大型网箱与养殖平台系统中，投喂策略和投喂系统的选择是养殖过程的主要内容之一，改进投喂系统的成本很快会收回，高效的投喂系统还可以减少对环境的影响。当养殖设施部署在相对开放的海域时，投喂系统的安全可靠运行也显得至关重要。

常见的饲料投喂方式和系统有人工投喂、投料枪、自动投喂机和集中自动投喂系统。

1. 人工投喂

该方式的最大优势是饲养员可以密切监测鱼类的摄食情况，进而调整投喂策略。同时还能增加饲养员对鱼类行为的关注，便于对疾病暴发或其他问题提供预警信息。

人工投喂需要投入大量的劳动力和工作时间。因此，大型养殖项目采用这种方式较为困难，或者会大幅增加人工成本。在养殖设施较小时，采用人工投喂的方式可以帮助监测养殖对象的行为，同时还有助于饲料的均匀投喂和分布。当养殖设施较大时，人工投喂操作起来会比较困难，尤其是在能见度较低的情况下，人工投喂的优势就会被降至最低。

2. 投料枪

投料枪减少了人工投料的工作量，该设备可被理解为半自动化投喂系统，饲料的加载需要手动完成，而投喂过程则实现了机械化。根据发动机功率大小的不同，饲料的投撒范围可延伸至 30 米。

投料枪的投喂能力一般为 25～150 千克/分钟。可移动式投料炮能覆盖更大范围，大多数这样的设备可以由一个人完成操作。与人工投喂情况一样，这种投料方式也会受到流速、风、鱼类食欲等因素的影响。

3. 自动投喂机

该设备是一种全自动系统，可以在固定的时间将一定量的饲料投喂到特定的养殖设施内。具体由 3 个部分组成：进料斗、投喂装置和定时装置。

自动投喂机有多种型号和品牌可选，其尺寸、容量及加料和投喂机制都有所不同。定时器控制以电力或电池提供动力的自动投喂机，并管理每次投喂过程的持续时间以及两次投喂过程之间的时间间隔。

单个控制单元可以用于控制一个投喂设备，或者通过一个中央控制系统控制多个投喂设备。这种设备通常不适合安装在暴露度高的养殖海域，主要是因为设备质量较轻无法承受恶劣的海况条件。

4. 集中自动投喂系统

该系统可通过一个饲料贮存和运输点，同时为多个养殖设施提供投喂服务。该系统具有规模经济性，随着养殖单元平均规模的扩大，为了提高养殖效率，投喂系统也会不断提高投喂能力。该系统为养殖项目主体提供更为便利的操控和监测功能。

自动投喂系统由以下模块组成：散装饲料贮存模块（筒仓或浮式驳船）、鼓风机模块、旋转阀、饲料分配系统和操作控制平台。饲料贮存在一个或多个中央筒仓中，通过螺旋钻进入到加料单元，然后转移到喷射装置。随后，饲料通过主进料管、分配阀和独立的管道被输送到目标养殖设施中。

该系统大大减少了投喂过程需要的劳动力数量，但其需要大量的资本投入以及陆基系统支持，因此，可能不适合深远海养殖区，或者养殖区内的养殖设施分布过于分散的情况。带有大型浮式筒仓的集中自动投喂平台操作系统将会越来越多地应用于深远海养殖项目，克服传统系统的不足和劣势，提高远程饲料投喂能力以及自动化程度。目前，已有几种类型的摄食监控系统，主要包括摄像机和饲料颗粒计数器。水下摄像机可以安装在养殖设施内部，其可将视频信号传送至监控单元（屏幕），投喂操作的监控人员通过检查视频中饲料是否存在耗损，进而相应地改变投喂速度。该系统的使用依赖于操作员的责任感以及水质的清晰度。

三、养殖鱼类监测与追溯

养殖鱼类的管理内容主要包括营养需求保证、疾病防控与处理，采用不同养殖设施所关注的管理内容基本相似。

（一）生物量监测与评估

无论采用何种评估技术，用于评估鱼类生长的生物学参数都是相同的，在内陆池塘和深远海养殖设施养殖的鱼类可以使用相同的方法和相同的参数。主要的分析指标包括饲料转化率（FCR）、比生长速率（SGR）和条件指数（CI）。在计算上述3个指标时，不同参数指标的测量方法对于评估结果具有重要的影响作用，因此测量员应进行培训后再开始工作，以确保测量方法、标准具有一致性。

（二）养殖设施和养殖群体追溯

如果记录的信息是按照养殖对象进行的，而不是按照养殖设施，那么应该确保养殖设施具有可追溯性。由于养殖鱼群在不同的生长阶段需要从一个设施转移到另一个设施中，因此需要记录养殖设施的编号信息，即其固定在系泊网格的位置。

当有新的鱼群进入到养殖设施时，需要赋予其唯一的批次 ID 编号。该编号将用来记录相关信息以保证可追溯性。以 6 位代码为例进行说明，前两位表示养殖种类，中间两位表示养殖年份，最后两位表示该种类下的批次，例如 XF1901 表示 2019 年第一批 XF 种类。

（三）鱼类存量报告

养殖鱼类存量报告是提供不同种类鱼类批次存量的基本控制工具。该报告包括相关的生物学参数和批次信息，这将有助于快速评估不同批次养殖种类的存量状态。

存量报告针对一定的周期，例如一周或一个月，信息包括每个批次的信息内容。存量报告一般包括以下信息：ID 编号、日期、样品鱼的数量、预期平均质量、实际观测的质量和变异系数。

（四）鱼类取样

在养殖生产实施过程中，建议管理员定期对养殖对象按批次进行抽样，以检查不同批次养殖对象的生长速度及健康状况。在具体取样时，可以采用以下几种不同的方法。

1. 养殖设施边上现场取样

在管理船上，从养殖设施内抓鱼，进行观测后，重新放回养殖设施内。这是一种省时的抽样方法，但船上必须配有 1 个吊秤、1 个水箱（可充氧）、用来称鱼的小容器、1 个渔网和 1 个手抄网。

2. 岸上现场抽样

一般的过程是：在养殖设施内捕鱼，将捕获的鱼转移至陆基设施内，并进行相关的测量，最后再运回至养殖设施中。如果海况条件较差，海上测量可能会使标尺的读数不准确，建议采用这种方式进行抽样检测。该方法与第一种方法非常类似，但这种方法需要 2 个水箱，并且都配备增氧系统。在码头上，磅秤应放在船的附近，每次称重后，将鱼从一个水箱转移至另一个水箱中。

3. 终端抽样

采集样本鱼后，进行宰杀，然后将其运送至陆基单元进行测量。这种操作方式可以对样本鱼进行更加细致的检查，因此应根据检查的目的决定是否选择该抽样方法。通过这种方式，每条样本鱼的体长、体质量都可以被精确测量。此外，病理检查可以在陆基现场完成，也可以在专业实验室进行。

四、成鱼收获

当养殖对象达到市场需求的规格并可以出售时，整个生产周期将以成鱼收获而结束。优质鱼类的定期和稳定供应是水产养殖区别于野生鱼类捕捞的主要特征之一。成鱼收获是一项专业性很强的工作，需要训练有素的岸上操作员和水下操作员协调配合完成，必须提前计划好从养殖设施中收获的数量和规模。技术简报有助于成鱼起捕操作员规范完成捕捞作业。在捕捞过程中，常见的问题包括捕捞数量错误、损伤鱼类或未能将起捕的成鱼合理冷藏。这些问题都会直接影响到经济效益，应在实际操作中予以避免。

（一）捕捞前准备

如果是在特定养殖设施内第一次捕获，建议在起捕前对养殖鱼类进行抽样，以检查平均质量和大小分布，并确认抽样结果与预期目标是否一致，避免起捕鱼类未达到市场需求的情况发生。

在开始成鱼起捕之前，要停止投喂，以保证起捕过程尽可能干净和无压力。

提前组织好所有必要的设备，包括网具、水箱、潜水器等。确保冰的数量充足，以保证对成品鱼的保藏。如果对某个养殖设施进行首次捕捞，尤其是对于非完全起捕操作，容易出现成品鱼和存量鱼之间的混合和干扰，需要操作员认真检查起捕后的存量鱼是否受到操作影响。

（二）起捕方式

1. 围网起捕

该方式主要用于捕获量较大或者对养殖设施内鱼类进行全部捕获时。操作时，使用一张大渔网，其长度至少应与养殖设施的周长相等，用以包围养殖设施内的所有鱼。标准的围网是长方形的，用轻型网衣制成，以简化操作。

一旦养殖设施内的鱼被包围，在起吊之前，潜水员应对鱼的数量进行视觉评估，以避免捕捞量超过需求。潜水员可以在围网完全收紧之前，通过其底部将多余的鱼释放回养殖设施内。

2. 升降网系统

该起捕系统简单有效，且渔网价格便宜，结构简单。升降网不需要浮子或沉子。其形状为圆形，直径是养殖设施直径的 1.5 倍，由两条相互垂直的绳索进行加固，并沿其圆周安装了一系列挂钩。操作过程如下：首先将该网安全铺开在养殖设施底部。然后由潜水员逐渐将网向上提升至水面，随着潜水员螺旋式地向上游动，操作过程逐渐完成，之后把升降网四周的挂钩全部系在养殖设施的边缘，并进行固定。最后，通过吊网进行收获，操作过程完成。

（三）加工和包装

成鱼收获、加工和包装的每个过程都必须处于“冷链”的环境中，冰对于这个过程格外重要。“冷链”是一种温度控制的贮存、运输过程，通常用于食品加工行业。

冷链的完整性应通过适当的危害分析和关键控制点（hazard analysis and critical control points，HACCP）程序进行验证和管理，其中包括从成鱼起捕到装运的整个过程。在这一过程中，允许养殖生产商：①评估安全贮存或污染发生的可能风险；②确定工艺的关键点和需要控制的相关参数；③确定参数的可接受标准；④确定在非标准参数构成威胁时应采取的纠正措施。

与其他水产养殖系统相比，深远海养殖项目的收获系统需要通过船只运输装备和冰。这一运输阶段可能非常漫长，需要购买和正确使用相关设备，并了解养殖鱼类的处理方式和贮存方法。

高效的制冰机可以提供足以用于成鱼起捕和包装操作中所需的冰浆。这些冰浆用于杀死和包装鱼，并在整个过程中保证成品鱼处于冷链条件下。

第六节　设施监测与维护管理

深远海养殖项目实施海况环境复杂，在运营过程中可能会出现装备、网衣的损坏问题，加强维护管理是减少损失的重要步骤。养殖设施主体结构发生损坏会造成严重的经济损失，包括装备材料成本、维修成本以及养殖对象损失造成的存量损失问题。对养殖设施所有部件的安装和维护要足够重视，才能确保深远海养殖项目顺利运营。

一、主体设施与锚泊系统

（一）巡查记录

为了优化深远海养殖项目的管理，做好巡查记录是必不可少的内容。应在深远海养殖项目养殖设施的安全位置建立一个巡查档案，记录各种部件的来源、安装日期、已识别的问题项及这些部件的维护和修复情况。该档案使管理员能够随时跟踪养殖设施主体结构部件的维护和更换情况，这对于实施养殖项目的现场管理计划、使其适应养殖区域条件特点具有重要作用。针对养殖设施而言，可能有标准化的维护程序，但对于具体的深远海养殖项目管理而言，应制定更具针对性的设备维护和管理程序。

（二）定期检查

养殖设施的不同组件受到海洋环境物理、化学和生物作用影响的程度不同，因此，应依据养殖设施部件受影响的程度，定期开始检查工作。所有检查项目或参数的类型、频率和结果都应记录在专用的技术管理表上，并按照档案管理的要求，对其进行仔细审查、分析和保存，以供日后管理维护参考。由潜水员负责对养殖设施结构的水下部分进行检查。

1. 半年检查项目

（1）系泊缆　由于锚和锚链使其比较坚固，因此在安装后不太容易被损坏；波浪力分布在系泊缆、锚链和浮子上，在一定程度上发挥了减震器的作用；由于水较深，系泊缆检查工作比较困难。基于这些原因，系泊缆可以每半年进行一次目视检查，当然，也应在风暴天气过后进行检查。在具体检查过程中，必须核实以下内容：①锚是直立的，并嵌入海床。由于尺寸过小或向上而被在海床上拖动，并在其后留下一条容易被潜水员识别的沟渠。②钩环没有磨损或松动，开口销还在。③锚链呈直线状态，链环未磨损。④连接锚链和套环的钩环没有磨损或松动，开口销还在。⑤连接锚链和角板的绳索没有任何磨损，也没有被生物附着污染。

（2）标志浮子　检查标志浮子时应确认以下内容：①混凝土块未被拖走。②混凝土块的垫眼和连接卸扣功能正常，没有磨损。③链子没有磨损，也没有被生物附着污染。④浮子水下部分的钩环和铁板未磨损，工作正常。⑤浮子的浸没部分没有被生物附着污染。

2. 每月检查项目

每月检查标志浮子上的灯是否正常工作，这项检查非常重要。这些灯一般在黄昏或低光照条件下自动启动，由电池供电，在白天由小型太阳能电池板进行充电。标志浮子灯应在陆地/检查船上可见。另一种检查方法是用黑布覆盖浮子灯的上部，观察灯光是否被激活。如果照明装置不起作用，应对其进行拆卸和更换。

3. 每周检查项目

（1）网格系统　建议每周检查网格系统的所有组件，这些组件的深度范围由网格浮子下的链条长度决定。通常，绳索、链条、圆环或角板和浮子之间的连接通过钩环完成，因此钩环是整个结构的主要薄弱环节。在每周检查中，应确认以下事项：①所有钩环正常锁定，开口销还在。②连接浮子的链条没有磨损和腐蚀，也没有被生物附着污染。③圆环或角板上的所有组件排列整齐。④绳索没有出现任何磨损，也没有被生物附着污染。⑤浮子的外表面没有任何裂纹，也没有被生物附着污染。

（2）浮管和系泊缆　水上部分的组件也应该进行检查，包括浮管。应检查确认以下内容：①浮管框架没有损坏，其所有部件，例如浮管、支架和扶手工作正常。②网箱设施的框架绳系紧且牢固。应注意框架绳可能会被辅助船损坏。

4. 部件的更换

更换或维护深远海养殖设施组件，以及操作技术设备时，需要严格遵守海洋工程施工的相关原则、规定和程序。

（1）锚重新固定和系泊缆紧固　要执行重新固定锚的程序，必须能够接触到标记浮子绳，并将其连接到锚的背面。如果没有标记浮子绳，应重新连接。首先，利用辅助船收回标记浮子绳，并将其连接到一条V形绳索上。将锚拉向网箱，使其完全脱离海床。然后，当锚松开后，辅助船离开养殖设施，船向朝外，收紧系泊缆。当网格系统张紧（浮子对齐，潜水员检查确认张紧）且锚重新固定在海床上时，松开标记浮子绳。如果没有，则重复上述过程。

（2）角板卸扣框架缆更换　配有液压绞车的辅助船系泊在需要更换卸扣的角板上方浮子上。辅助绳穿过角板的中心，并穿过临时安装的卸扣，然后在将要断开的框架绳上打一个“止动结”，另一端缠绕在辅助船的绞车上。启动液压绞车，辅助绳被拉起，这将松动角板和止动结之间的张力。然后潜水员可以松开并更换磨损的卸扣，再慢慢释放辅助绳，使框架绳恢复其原始张力。松开止动结，在船上收回辅助绳。

（3）更换浮子连接角板的卸扣　潜水员将辅助绳的一端系在同一个角板上的框架绳卸扣上，另一端固定在辅助船的绞车上。当绞车启动后，辅助绳对角板施加一个向上的力，提升角板并释放链条与角板之间的张力。然后，潜水员拧开链条和角板之间的卸扣，并进行更换。卸扣更换完成后，释放辅助绳，角板下降到原来的位置，链条会再次拉紧。最后，解开角板上的辅助绳，将辅助绳回收到辅助船上。

（4）更换浮子　潜水员将辅助绳的一端固定在框架绳的卸扣上，该卸扣连接在对应浮子链的角板上。辅助绳的另一端连接到辅助船的绞盘上。启动绞盘，角板被提起，使得浮子链处于放松状态。此时，潜水员解开连接浮子链和浮子的卸扣，更换新的浮子。松开辅助绳并收回至辅助船。

（5）更换系框绳卸扣　要更换连接系框绳和角板的卸扣，仅需解开系框绳连接在浮管上的一端即可，这样潜水员就能轻松地完成此项工作，更换损坏的卸扣。

（6）更换框架绳　辅助船系泊在两个网格板之一的浮子上，潜水员将辅助绳的一端临时穿过一个网格板的卸扣，并系在另一个网格板的卸扣上，另一端系在辅助船的绞盘上。当绞盘启动后，这两个网格板将被拉近，当两个网格板拉近时，潜水员及时解开连接网格绳的卸扣。完成网格绳的更换后，缓慢松开辅助绳，网格系统恢复正常。

5. 系泊绳和框架绳生物污染去除

网格系统的所有框架绳应定期进行污损生物去除。开展此项维护工作时，潜水员将辅助绳的卸扣固定在需要清理的绳索上，该卸扣的大小比污损绳索直径稍大。辅助绳的另一端连接在小型工作艇上，当辅助艇沿着污损绳索移动时，卸扣也沿着污损绳索运行，从而剥离较大的污损生物。

二、网体的检查与维护

（一）网体检查

深远海养殖设施的网体应该每天进行检查，尤其是网衣部分。网衣受到来自养殖动物的损坏风险，同时还受到周围环境中海洋动物的破坏风险。

1. 去除污损生物

在已经安装好的网衣上清除污损生物的最好方法就是使用高压水枪喷射网衣。该项工作需要潜水员完成，潜水员在水下操作高压水枪清洗网衣，为高压水枪提供动力的发动机和压缩机放置在辅助船上。潜水员在清洗网衣的过程中，最好从网衣内部向外冲洗，用高压水枪清除的污损生物会掉落在网衣外部。在清除网衣污损生物过程中，最好的方式是沿垂直方向进行，水流宽度为两条垂直绳之间的距离。这种方式可以快速地清洁整个网体，并确保网体快速恢复水体交换。

2. 网衣清洁的建议

在实际生产中，有一些细节性操作可以有助于减少污损生物对网衣的影响。

（1）鱼群分散装置　在网箱设施内引入可以分散养殖动物注意力的装置，可以有效地降低网衣发生破损的概率。在沿着网体绳索垂直方向上，系上由网衣材料制成的直径为8～12毫米的编有簇头的绳索，在减少养殖动物咬食网衣方面效果明显。在一个网箱中，这样绳索的数量大约是立柱数量的一半。

用网衣材料制成的簇头用来吸引养殖动物，从而减少其对于网箱网衣的咬损行为，可以有效降低网衣发生破洞的风险。

（2）自清洗浮管走道　网箱的浮管通常是工作人员行走的走道，也会受到污损生物的影响。贝类和其他生物经常会附着在被水浸没的浮管下方，湿滑的藻类生物污垢在管道的水上部分非常普遍。因此，这些浮管也应该经常进行清洗。

清洗浮管管道有一种简单有效的方法，利用直径为 20～30 毫米的绳子组成圆形线圈，较为松散地缠绕在浮管上。这些圆形线圈会随着波浪的运动而在浮管上来回移动。

（二）网体维护

1. 更换网衣

更换网衣是一种日常维护活动，必须有计划、高效地组织实施。维护日志需要记录每一个网衣在水下工作的天数，应根据养殖水域环境污损特性，对每一个网衣设定一个需要更换的时间限制，并严格执行该限制。

大型网衣的更换需要一个或多个潜水员配合完成，在具体的网衣更换过程中，根据网衣的规格、污损生物量等因素，可能还需要配备有起吊机的辅助船的配合。当网衣附着污损生物时，如不及时更换，每平方米的网衣质量可达 10～15 千克（出水后）。在实际使用中，部分网衣没有经过防污处理，其受污损生物的影响可能更加严重。

网衣从网箱中移出后，会转移到岸上。如果要用高压清洗机清洗网衣，首先应将其干燥。受污染的网衣应放置在空旷的区域进行干燥，最好平铺在地面上。如果使用网衣清洗机进行清洗，可以先干燥后清洗，也可以直接进行清洗。反复或长期使用高压水枪清洗网衣，随着时间的推移可能会对网衣造成一定的损坏。

在对网衣进行清洗和干燥后，需要对其进行维修，拆掉所有在水下临时修补使用的塑料扎带，根据需要更换磨损的绳索并进行修理。利用网衣强度计对清洗维修后的网衣进行剩余强度测试，并将数据记录在日志中。如果网衣的剩余强度低于初始强度的 60%，该网衣则无法继续使用。

最后，应将网衣折叠、贮存在仓库中，避免直接暴露在阳光下。

2. 洗网机

该设备用于对从网箱上拆除的网衣进行清洗，其型号和规格较多，但原理基本是一致的，即通过网衣的运动产生摩擦，达到清洗网衣的目的。在使用洗网机时，仅需要将网衣放入转筒内，不需要肥皂或其他清洁产品。

洗网机产生的废水中含有从网衣上去除的污损生物，这些污水在排放回大海之前，至少应经过沉淀池处理，降低对海水污染的风险。在对网衣进行清洗前，最好先将其干燥，按照这样的程序处理，网衣的清洁效率更高。

洗网机通常由不锈钢制成，其主要的组件包括：①支撑滚筒轴的主框架；②旋转滚筒；③发动机装置；④供水管道。

第七节　养殖工船

养殖工船针对性地解决了长期困扰传统开放式水域养殖“听天由命”的痛点，将海产品养殖从近岸推向深远海，进入自动化、智能化、规模化、工业化的现代渔业生产阶段，其集众多功能于一身，往更深更远海域拓展渔业养殖，且具有很好的复制性，具有更好的市场前景。

一、船舶及设备

目前，在世界范围内涌现出了许多使用船舶从事水产养殖的创新概念、项目与案例。全球水产养殖业界巨头 Marine Harvest 公司、挪威 Nordlaks Oppdrett AS 公司和荷兰创新机构 Innovation Network 等都在这方面做过探索与尝试。

（一）荷兰的 InnoFisk 养殖工船项目

InnoFisk 是由 Innovation Network 机构发起的一个项目，在欧洲有近 50 家机构参与。

InnoFisk 概念中的养殖工船集养殖、鱼品加工及下脚料处理于一体，设计年产量 500 吨。该工船包括有多种功能性系统单元，例如针对鲑不同养殖阶段而配置的多种养殖舱池，包括淡水池和海水池，从而可以养殖处于不同生长阶段的鲑。该工船配备多个饲料舱，投饲完全自动化。每个养殖池安装一套水处理循环系统，提供足够的氧气，实现废水循环利用。养殖鲑产生的废物可用来生产单细胞蛋白质。船上还配有鲑加工单元。

（二）土耳其的鲑养殖船试验项目

土耳其曾经尝试将废旧的散货船改装成鲑养殖船，并进行了海上养殖实测试验。该散货船船长 153.33 米、宽 22.8 米、深 12.5 米。除了将船舱改成多个养鱼池外，还在船艏舱建造了一个鱼品加工间。船上养鱼池共有12个，最小的222米^3，最大的3 445米^3。配备氧气系统和供排水系统。当海水表面温度达到适合鲑养殖的水温时，则采用船舷水管取水。船上还配有2套发电系统：一套系统为循环泵、制氧机及其他养殖设备供电，一套则为其他船用设施供电。

经过为期11个月的海上虹鳟试验养殖，最终体质量达（3.7±0.4）千克，生长率（SGR）为1.51±0.3，饲料转化率（FCR）为1.1。养殖试验结果表明，如果船员费用和能耗成本能够降低，利用养殖工船进行鲑鳟类养殖是具有广阔前景的创新途径。

（三）西班牙的金枪鱼离岸养殖工船项目

金枪鱼离岸养殖工船是西班牙费内造船厂2位造船工程师的设计创意。该金枪鱼离岸养殖工船船长190米、宽56米，类似于一艘具有双体船壳的半潜式船舶。船体内部设计有鱼池，并可随着船底升降向海中伸展，其体积可扩大到19.5万米^3。船上配备泵水系统、供氧设备；鱼池底部装有压缩空气管路，可喷射高压水以去除污物、污垢、寄生虫、海草和软体动物等，保持网衣清洁；刚性网的底部装有倾斜的板材，死鱼可落入坑道内，再由水冲走或在停泊期间由潜水员收走；可将饵料鱼传送到自动化投饲输送带；用声呐传感器监测金枪鱼的大小和质量；在鱼池内部多处位置布有声呐换能器；配备水下摄像机用于观察金枪鱼。运作模式：驾驶该船前往蓝鳍金枪鱼幼鱼销售点（例如孵化场）购买金枪鱼，并用该船进行为期约9个月的育肥养殖，产量可达1 200吨（分批次销售）。当金枪鱼消费旺季到来的时候，可视售价将育肥的金枪鱼进行销售。在养殖过程中，该船可选择停泊在有利于金枪鱼生长的海区，产品主要销往日本。

（四）冷水团养殖科研示范工船“鲁岚渔养61699”

2017年，中国水产科学研究院渔业机械仪器研究所（以下简称“渔机所”）联合中国海洋大学和日照市万泽丰渔业有限公司研制了中国第一艘冷水团养殖科研示范工船“鲁岚渔养61699”。该船总吨位3 000吨、船长86米、型宽18米，拥有14个养鱼水舱，配备饲料舱、加工间、鱼苗孵化室、鱼苗实验室等设施，具有深层测温智能取水与交换、饲料仓储与自动投喂、舱养水质环境监控以及养殖鱼类行为监测等功能，可满足鱼苗培育和养殖场看护要求。该船于2017年7月交付使用，已经投入示范生产，为养殖工船系统优化和技术推广积累经验。

此外，2019年，由青岛国信集团、中国船舶工业集团有限公司、渔机所和青岛蓝色粮仓海洋渔业发展有限公司共同发起建造全球首艘10万吨级可移动式深远海大型养殖工船项目，计划于2022年投入运营并实施工程示范。上海耕海渔业有限公司10万吨级大西洋鲑养殖工船也已签订造船合同。可以预见，养殖工船将成为深远海养殖产业发展的新动力。

二、工船养殖设施

工船养殖设施主要包括船载舱养系统、自动投喂系统、活鱼起捕系统和自动清洗系统等。

（一）船载舱养系统

船载舱养系统要最大化利用船体空间，同时保证舱体自净能力、适合鱼群分布等功能，以达到最大的适鱼性，保障养殖生产的稳定实施。海上船舶或平台在风浪条件下会产生摇晃和垂荡，在鱼舱内部形成具有特殊规律的水体流态和流场，并间接地影响水体中溶解氧、颗粒物、营养盐等物质的传递和输运。针对海上养殖的特殊工况，船载舱养系统设计主要有开放式、流水式和封闭循环水形式三种。开放式船载舱养系统鱼舱在舱壁上设计有多组与海水贯通的透水孔，在水流的作用下养殖水体可以与外海水自由地交换。该形式的优点在于能够最大化地利用海水资源，能耗相对较少；缺点在于对养殖水质的调控能力较弱，养殖效果受气候和风浪的影响较大。流水式船载舱养系统的设计更多借鉴了陆基工厂化流水养殖系统的经验，鱼舱设计为封闭的水池结构，通过水泵将外海水抽入鱼舱，利用舱内外液位差将养殖水体排入外海。该形式的优点在于具有一定的水质调控能力，但是取水过程中会产生一定的能耗。采用封闭循环水形式设计的船载舱养系统同样采用封闭式水池结构，不同之处在于通过物理过滤、生物过滤、气体交换、消毒杀菌等工艺技术和装备的集成可以对水温、溶解氧、二氧化碳、颗粒物、氨氮、细菌总数等水质指标进行有效的控制，实现养殖水体循环利用，对水质的调控能力相对较高。由于配备了强大的循环水处理系统，其养殖产能也相对较高，但是缺点在于运行的整体能耗会相对偏高。

（二）自动投喂系统

饲料投喂是水产养殖生产活动中的基本环节。挪威 AKVA 公司研制的 CCS 自动投饲系统由空压机、空气冷却器（制冷机和换热器）、料仓、下料器、分配器、撒料器、管路和控制系统组成。每套投饲系统可配备 1～3 个料仓，各料仓可储存不同的饲料。每个料仓容量为0.2～5 吨。每套系统最多可为 24 个投饲点位投喂任一料仓中的饲料，送料距离可达 300 米。投喂速度可在 5～20 千克/分钟范围内设置调整。可实现圆周喷撒（360°旋转喷头），喷洒直径 1.5～4 米。具有料仓缺料报警和设备故障报警功能。可实现对任一养殖槽的半自动化投喂；亦可根据预设程序，进行定时定量自动投喂。

渔机所研发了一种轨道式自动投喂系统，围绕大西洋鲑、鲈等典型养殖对象建立了投喂预估模型、投喂反馈控制模型以及精准投喂控制模型，优化了转向机构材料、减速传动系统和定位信号发生装置，研发了补料系统和自动控制系统，研制了具备精准投喂控制功能的轨道式投喂装备。该系统实现投喂量自动计算和投喂过程的反馈控制，提高了投喂精准度。基于柔性绞龙输送技术的自动补料系统，料仓容积 1.5 $米^3$，补料速度 20 千克/分钟；具备手动、自动 2 种控制方式，系统载料量最高达到 150 千克。

（三）活鱼起捕系统

工船舱养生产中鱼类的换池、分级、放养和起捕，均要求对鱼体无任何损伤。实现渔获提升的机械化、自动化作业，减少人为因素对生产过程的影响，确保渔获的成活率和无损伤是重要考虑因素，吸鱼泵是国际国内采用的主要解决方案。

养殖鱼类泵吸起捕后，还面临着分级和计数等劳动强度高的问题。人工选别后再装箱的处理方法已不能适应现代化生产的要求，严重影响了工作效率，并且增加了劳动成本。意大利米兰 SNC 公司开发的吸鱼分鱼系统包括吸鱼泵、鱼水分离器及鱼体选别机（分鱼系统）等，作业时把鱼群集中入网以后，经过鱼水分离器使鱼和水分离，再通过鱼体选别机进行大小筛选，最后根据鱼体大小装箱进入冷冻舱。进行称重操作时，鱼水混合体通过栅格分离器进行分离，鱼体进入有一定水量的容器中，通过数显程序称重，记录装载次数（运行中自动排除过量的鱼）。丹麦

IRAS公司研制的PV真空吸鱼泵和自由分级机系统整合了卸货、自动称重与分级、定量配冰、鱼类传输和内部分配等功能。吸鱼泵、分级机形成的生产线可以温和高效地处理养殖鱼类，该分级机可处理多种鱼类。

（四）自动清洗系统

由水下机器人对养殖舱壁进行定期自动清刷和冲洗，根据鱼舱大小设定清扫路线，通过冲刷、抽吸等方式清除黏附在舱壁上的粪便、残饵等各类附着物，该系统适应平面、斜坡、立面舱壁等工况。日本等渔业发达国家研发的爬壁式水下清洗机器人作业系统技术已经日趋成熟，并开始走向市场化。

2006年，Flow公司推出了Hydro-Cat超高压水射流船舶除锈设备，其工作压力可达255兆帕，除锈清洗宽度300毫米，除锈效率可达80米^2/小时，但价格较为高昂。挪威康斯伯格海事公司与佐敦集团合作研发出可用于船体清洁的机器人——HullSkater，并计划量产。在清洁过程中，操作人员先根据HullSkater搭载的摄像头传输的画面规划清除路线，随后由电动机驱动磁力轮在船体表面移动，同时采用电动刷清理污损区域，清除过程中不损坏船体表面的防护涂层。此外，该机器人还安装有多个传感器，可记录船体污损情况。HullSkater可在4G网络覆盖的任何船舶上进行远程操作，并在2～8小时内完成清洁工作。

挪威AKVA公司利用水下机器人（ROV）实现远程控制网箱清洗过程，清洗时间大幅缩短。该公司新推出的FNC 8型网箱清洁机进一步降低了对网片的磨损程度。FNC 8型网箱清洁机配备了KAMAT优质高压系统，该系统可以提供更大的水流量，而增加水流量意味着可以降低喷水压力，达到温和清洗的效果，从而实现在不影响清洁性能的情况下将压力和磨损降至最低。FNC 8型清洁机还集成了4个IP摄像机，操控人员能更好地监控整个网箱清洁过程。河北工业大学武建国等在船壁清洗水下机器人水动力分析与试验研究方面进行了探索，其设计的清洗机器人具有模块化、功能多样化和可移动特点。哈尔滨工业大学、哈尔滨工程大学、浙江大学和中国船舶重工集团公司七一六所等单位也开展了相关技术研发，但所设计的机器人稳定性、成熟性、产品化水平都还较低，与国外先进水平差距较大。

三、其他配套设施

（一）深层取水设备

目前，国内外市场尚未有适用于深远海养殖工船的深水变水层取水泵系统。针对养殖水温的调控问题，在综合调研分析的基础上，渔机所研发设计了一种垂舷式变深度取水系统，其主要原理为利用海域水温上高下低、表差深优的特点，通过采集不同深度海水以获得温度合适的源水来满足养殖品种的需要，并能够实现对养殖水舱的 24 小时不间断供水。由于取水管长度为 120 米，当与水平面形成的夹角达到 60°时，可以抽取水深 100 米深处的海水，因此该技术适用的取水深度为 0～100 米。

（二）水下监控设备

养殖工船上设置的单个船载舱养系统水体一般超过 5 000 米^3，这种规模化、集约化的生产方式对准确、及时的养殖控制提出更高要求，养殖全程的立体化监控变得非常重要。挪威、日本等国家采用水下成像、声呐等多种技术，实时估算养殖金枪鱼个体质量、养殖种群生物量以及死亡情况，为投喂、清理以及出售等决策提供依据；挪威的水下大西洋鲑体表图像分析技术，可以为大西洋鲑寄生虫感染识别及其治疗和预防提供依据；青岛罗博飞海洋技术有限公司研发的养殖水下监控系统，可选择不同数量的水下摄像机固定在养殖区域，摄像机带有高速云台功能，360°旋转实时监控鱼类的状况，通过一系列传感器包括多普勒残饵量传感器、喂料摄像机、环境传感器（温度、溶解氧、潮流和波浪），实时观察养殖区域内鱼类生长状况并进行生产决策。

（三）新能源利用设备

深远海养殖工船的正常生产管理运行需要稳定和持续的能源供给。采用波浪能、太阳能、风能等清洁能源作为深远海养殖生产的电力来源，集成高盐、高湿、高海况条件下电力供应系统，构建深远海养殖生产海区微电网，可实现极端气象条件下生产电力的不间断供应。

中国船舶重工集团公司七〇二所和无锡尚德公司共同开发了中国第一艘使用多种能源的混合动力豪华游轮“尚德国盛号”。该船翼帆上安装了 70 余片太阳能电池板，根据太阳光的方位变化而自动旋转，结合风力、风向的选择，综合使用太阳能和风能。根据日照情况的不同，采用计算机自动调配太阳能和柴油机组间的运行方式，为该船运行提供动力。依照上海的日照和风向分布，估算该游轮年发电量为 17 841 千瓦时，可节省标准煤约 6.282 吨，减少约 15.705 吨二氧化碳排放量。

第四章 典型案例

近年来，深远海养殖逐渐成为国际社会推崇的水产养殖发展新方向。国内外开始了诸多的装备研发、设计与试验性生产实践，取得了一定的成果积累和经验。通过对目前主流的 10 种深远海养殖装备设施类型的发展历程、主要做法、取得成效和经验启示进行梳理，以期为深远海养殖装备设施的经验和生产决策提供参考。

第一节 中国南海 HDPE 圆形双浮管浮式深水网箱

一、发展历程

20 世纪 80 年代左右，网箱的结构及型式由中国香港传入广东珠海桂山和惠州惠阳，广东、福建等省率先开始了海水网箱养殖，因其结构简单，养殖利润丰厚，在全国大部分沿海省份得到迅速发展。

1998 年，中国首次从挪威引进深水网箱，安装于海南临高后水湾。随后，广东深圳、浙江舟山等地先后引进了多种类型的深水网箱（图 4-1），

图 4-1 浮式 HDPE 深水网箱

并开展生产性养殖试验。2000 年以来，国家“863”计划、国家科技攻关计划及部分沿海省份科技项目开始资助深水网箱研究，由中国水产科学研究院南海水产研究所牵头，联合相关科研院所、大学和企业组成攻关课题组，根据中国海洋工况特点、养殖对象特性，设计研发的中国第一套 HDPE C40 型升降式深水网箱于 2002 年在深圳鹅公湾试验成功（图 4-2）。

图 4-2　中国第一套 HDPE C40 型升降式深水网箱

2004 年后，随着深水网箱养殖装备技术的不断完善，以及沿海渔民投资意愿的不断增强，HDPE 圆形双浮管浮式深水网箱开始大规模养殖应用，并在中国沿海陆续推广。据估算，至 2020 年，南海有 HDPE 圆形双浮管浮式 C40～C120 深水网箱 8 000 余只，主养殖卵形鲳鲹、军曹鱼等，年产量超 8 万吨。

二、主要做法

HDPE 圆形双浮管浮式深水网箱养殖系统主要包括网箱框架、网衣和锚泊 3 部分（图 4-3）。设计需从网箱的型式入手，先确定网箱的周长，周长决定浮管的直径，水深决定网衣高度，水流决定网衣的配重。网箱型式主体确定后，依据调查的海洋环境数据，决定锚泊的形式。网箱海上布局也是设计的重点工作之一，涉及整体养殖与海洋环境的协调性，以及施工的难易。

深水网箱养殖要选择适宜的养殖品种，在考虑经济效益和生态效益的同时，还需考虑市场容量、苗种、饲料等因素。目前中国南海深水网箱以养殖卵形鲳鲹为主（图 4-4），该鱼肉白细嫩，含脂肪多，味

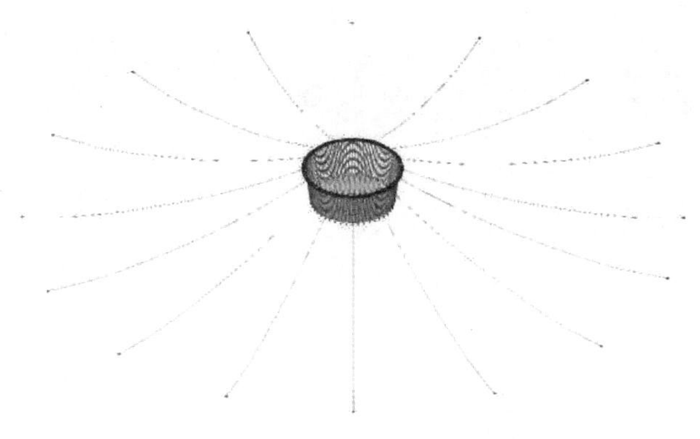

图 4-3 HDPE 圆形双浮管浮式深水网箱系统示意图

鲜美，营养丰富，属于名贵的食用鱼类。在人工养殖条件下，可全程投人工配合饲料；种苗可完全依人工生产；最宜生长水温在 26～30℃，其耐低温界限在 14℃左右，在海南、广东、广西部分沿海海域养殖可自然越冬。

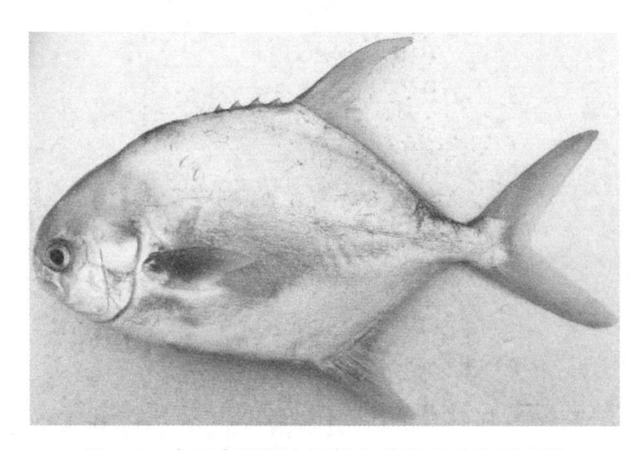

图 4-4 中国南海深水网箱主养殖品种卵形鲳鲹

(一) 养殖工程设计

基于设计基础条件的差异，深水网箱工程设计与建造会因时因地出现较大的个性化，其差异主要表现在锚泊系统设计上。此处以阳江大镬岛为例进行介绍。

1. 网箱总体布局

大镬岛呈马鞍形，东北方向长 1.52 千米，西北方向宽 0.95 千米，西距海陵岛 10 千米，东北距东平 14 千米，周边低潮平均水深约 12 米（图 4-5）。闸坡海洋站统计的风向要素见图 4-6。

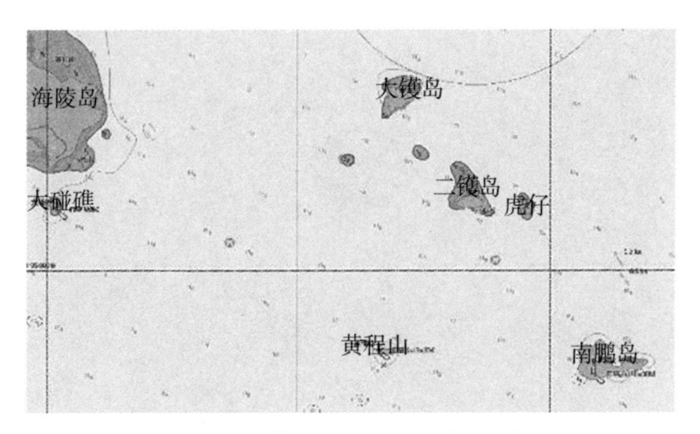

图 4-5　阳江大镬岛投影地形及等深线示意图

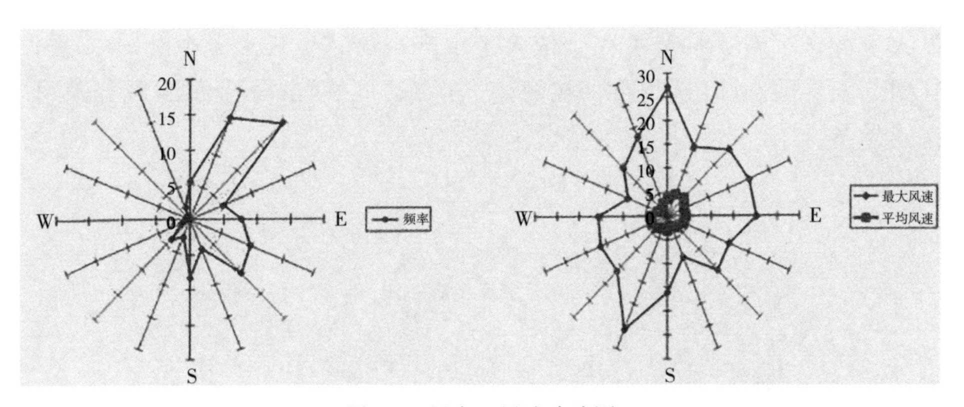

图 4-6　风向、风速玫瑰图

从地理地形上看，在台风活动期间，大镬岛对其西北面海域具有良好的屏障作用。依设计要素分析，网箱总体布局在西北偏北方（图 4-7）。一是利用大镬岛作为天然屏障，减小台风对网箱的损害；二是尽可能利用岛体阻隔南向大风长时间对网箱的吹袭；三是可利用大镬岛湾作网箱后勤配套。缺点是东北风对日常养殖操作影响较大。

2. 网箱选型、组间布局及锚泊设计

在充分考虑了网箱海洋生存工况的基本要求、后勤保障和养殖操作适当性后，先期选择 C60 作为主要养殖设施（图 4-8）。后期养殖管理操作熟练及相关配套完善后，可选择 C80～C100 作为主要养殖设施。网箱布局主要考虑网箱养殖过程的操控性、水体交换和足够抗风浪能力下的经济性，同时考虑施工过程的难易程度。据此，采用单箱锚固，考虑极限风速下的可能走锚距离，箱间距离应大于锚绳长度。目前，

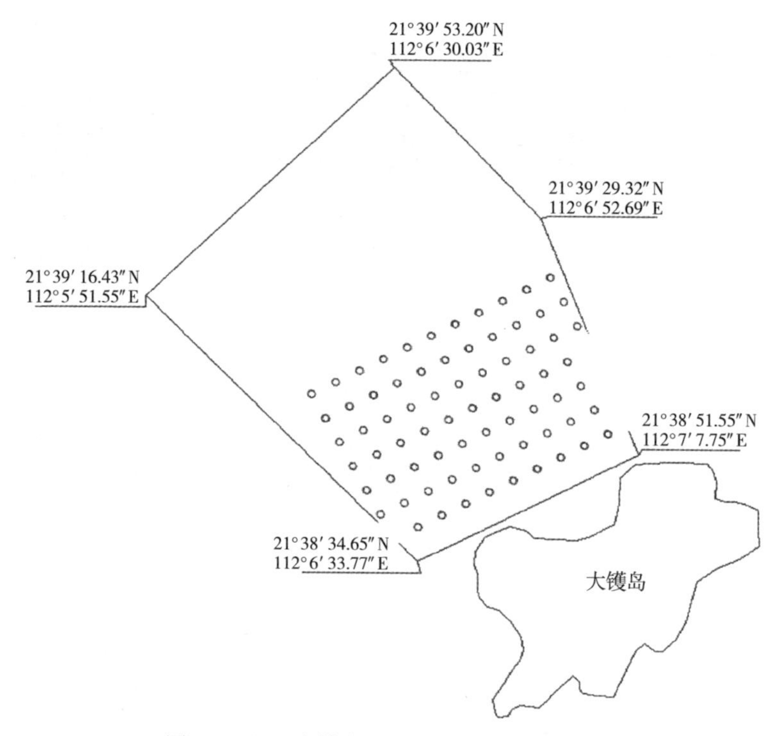

图 4-7 阳江大镬岛区域网箱总体布局示意图

图 4-8 HDPE C60 圆形双浮管深水网箱实景

中国南海 HDPE 圆形双浮管浮式深水网箱主要技术参数见表 4-1。

表 4-1 中国南海 HDPE 圆形双浮管浮式深水网箱主要技术参数

主要技术参数	网箱型号			
	HDPE C60/315	HDPE C80/355	HDPE C100/400	HDPE C120/450
网箱浮管径（毫米）	315	355	400	450
网箱周长（米）	60	80	100	120

（续）

主要技术参数	网箱型号			
	HDPE C60/315	HDPE C80/355	HDPE C100/400	HDPE C120/450
双浮管中心距（厘米）	64～66	66～68	69～73	76～80
支架标距（米）	1.8～2.2	2.0～2.4	2.0～2.5	2.2～2.7
“工”字架立柱管径（毫米）	125	140	160	180
扶手管径（毫米）	110	125	140	160
绑系总成	可选配	可选配	可选配	可选配
泡沫填充、加强链	可选配	可选配	可选配	可选配
踏板	可选配	可选配	可选配	可选配
养殖包围水体（米^3）	1 000～1 500	2 000～3 000	4 500～6 000	9 000～12 000

（二）框架系统

框架系统以 HDPE 圆形管作主构架材料，以一个特殊的工件“工”字架按一定的距离将 2 条 HDPE 管固定，按海况、养殖容量和材料特性等基本要求设计，经热合焊接而成，对接成圆形的框架提供了网箱系统所需的浮力，同时支撑网衣包围养殖水体（图 4-9）。

图 4-9　HDPE C100 圆形双浮管深水网箱框架制作实景

近年来，针对中国南海台风强度大、速度快、破坏力强的特征，对深水网箱框架系统进行了优化，大大提升了深水网箱框架系统对台风灾害的抵御能力。

1. 加厚主浮管

在 HDPE C40～C60 常用国标挤压管材管壁厚度（注：壁厚＝国标管径/17）基础上，降低管壁系数至 13.6，从而增加管壁厚度，确保管材有足够强度，同时不降低 HDPE 特有的柔韧性，从而提升深水网箱浮架的抗压和抗折能力。

2. 主浮管填充泡沫及辅助钢索

在网箱双浮管的内管中以泡沫填充料形成分隔式密封舱，确保网箱浮管应力塌陷或折断后仍浮于水面；在网箱主浮管之间增加辅助钢索，确保两浮管在出现同时断裂后不至于整体结构发散，最大限度保持网衣悬挂在框架下方，避免网衣撕裂造成鱼逃逸（图 4-10）。

图 4-10　主浮管填充泡沫和辅助钢索

3. 加装专用的绑系总成

在锚绳与网箱浮管绑系处，沿内外浮管设置同材料特性的套管（图 4-11），使网箱浮管由点受力改为由面受力，增加浮管受力面积，减少台风情况下因锚绳受力过大导致网箱浮管塌陷或折断现象的发生。

图 4-11　深水网箱浮管的套管

（三）网衣系统

网衣系统由网片和一定数量的纲索组合而成，大小依框架周长而定，在网衣底部配以适当配重砣，以配合框架支撑网衣在水流作用下仍有一定的张紧度，保持足够的包围水体（圈养空间）。

中国南海目前一般使用圆台形网衣，抗流效果比圆柱形网衣佳，加之底部配重，力纲通过重力作用使网衣相对刚化，最大限度固定网衣的形状，从而达到抗流效果（图 4-12）。

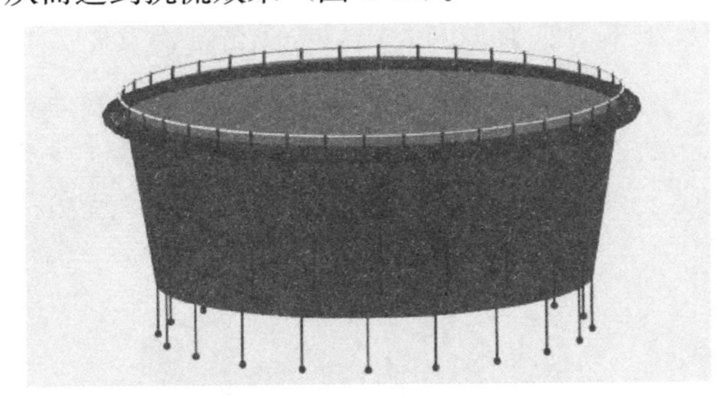

图 4-12　圆台形网衣系统示意图

中国南海主要养殖海域的最大流速为 0.45～0.75 米/秒，网衣设计流速一般以 0.65 米/秒为基准，兼顾抗流的同时，保证网衣最大限度包围水体，圆台形网衣锥度一般在 10°～12°，水流速度较大区域的网衣锥度可加工成 15°～18°。

配重砣一般采用铸造铁砣或水泥预制圆柱体，质量为 25～35 千克，间距依网体竖纲而定，沿网底均匀布置。

（四）锚泊系统

锚泊系统由锚、锚链、绳索和浮筒等组成。目前，C60 以上的网箱通常采用简单的单箱锚泊系统，将网箱固定在预定的养殖海域中，保障网箱系统在自然海洋工况中不产生位移，免受损坏（图 4-13）。

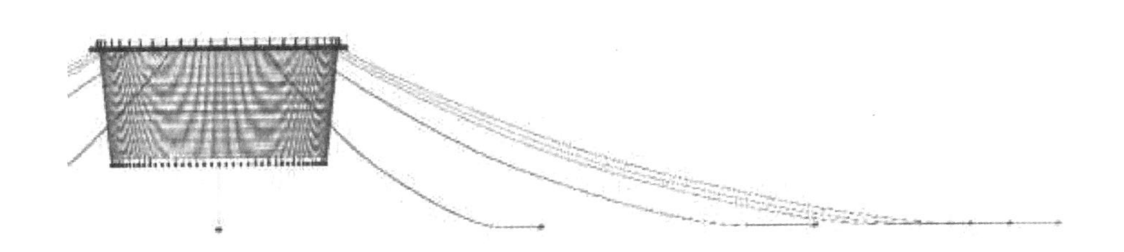

图 4-13　单箱固定的深水网箱锚泊系统示意图

图 4-14 固定单齿铁锚

依养殖海域底质的不同采用的锚通常有 3 种：铁锚、桩锚和水泥预制件锚。其中铁锚又分单齿和双齿等；桩锚分木桩和“工”字钢桩；水泥预制件锚块多是上小下大的棱台（图 4-14、图 4-15）。铁锚质量一般为 300～1 000 千克，依网箱框架周长的不同等分布置 6～20 只。桩锚长度一般 3.5～6.0 米，木桩小头截面直径不小于 15 厘米，“工”字钢桩一般采用 20# 规格以上“工”字钢加工而成，带有 2～4 个倒齿。水泥预制件锚块多为 2.0～4.5 米^3，质量为 5～12 吨。为降低成本和海上安装工作强度，部分养殖从业者不用锚链和浮筒，直接在锚绳中间位置加 10～20 千克的缓冲重砣。

图 4-15 钢桩锚与水泥预制件锚

（五）配套及日常管理

1. 鱼苗标粗分箱

从鱼苗养到成鱼，根据苗种生长情况需分箱疏苗，以保证养殖密度合理、规格整齐，同时也要兼顾苗期养殖管理便利。在中国南海 HDPE 圆形双浮管浮式深水网箱养殖卵形鲳鲹过程中，考虑配套投入和管理方便，鱼苗标粗大多直接在深水网箱中进行，分箱可结合换网同时进行。分箱时应事先准备好一个小型移动网箱，将要分出的鱼放入小型移动网箱内，再移动放入计划养殖的网箱中。

2. 防风措施

在台风季，应密切关注台风动态，提前做好防风安排。查看网箱框架是否完好，有损部位及时修理加固；及时清除框架上的附着物，避免网衣因强浪流漂移接触而磨破网衣发生逃鱼事件；检查缆绳是否有断股或磨损现象，附着物是否已影响缆绳的正常使用，必要时应在可能的迎风面（东南向、南向、西南向）增加锚固；连接贯通不同方向的缆绳，使箱体与缆绳成为一个整体，限制箱体形变，避免箱体因强风大浪变形而崩塌或折断；更换附着生物较多的网衣时，应检查网衣有无破损及绑系受力是否均衡。

三、取得成效

深水网箱养殖卵形鲳鲹已成为中国南海海水养殖的主要模式，提高了养殖成品鱼的品质，向外拓展了离岸海水鱼类养殖发展空间，具有良好的生态效益、经济效益和社会效益。

（一）生态效益

深水网箱养殖利用大水体环境，全程投喂浮性膨化饲料可减少鱼类摄食浪费，降低养殖对海域环境的压力，具有良好的水体交换条件，加之考虑环境容量下的网箱布局，为包括养殖鱼类在内的海域生物健康生长提供了良好的栖息环境。

（二）经济效益

从产量角度而言，周长100米的深水网箱年产量相当于100个3米×3米的传统木质网箱产量，相当于1 000亩普通池塘养殖的产量。目前，HDPE圆形双浮管浮式深水网箱养殖卵形鲳鲹的最大应用规格为周长120米，单箱产量约120吨，单箱单茬销售收入可达250万元，极大地提高了养殖生产力水平、海水资源利用率和抵御自然灾害的能力。养殖过程也带动了苗种、饲料、加工与流通等产业链环节，经济效益显著。

（三）社会效益

经过近几年的发展，HDPE圆形双浮管浮式深水网箱养殖模式日趋完善，“一条鱼”产业链初步形成，涉及鱼苗、饲料、网箱、加工、市场等环节，为保障国家食物安全发挥积极作用。同时，配合和支持国家建立渔船报废制度，控制近海捕捞强度，增加传统渔民择业机会，

提高其经济收入，使渔区人民生活稳定。

深水网箱养殖是一个巨大的产业，其产业链长，涉及化工材料、机电设备、小型船舶和渔具等行业，以及养殖产品加工、物流、休闲渔业等行业，产业关联度高，产业链密集，其产业核心地位能带动相关产业的发展，具有良好的社会效益。

四、经验启示

中国南海深水网箱养殖卵形鲳鲹产业不断扩大，网箱结构向大型化发展，其中深水网箱数字化设计、养殖风险控制、智能化管理和相关实用配套装备技术仍在研究完善中。

（一）数字化设计技术

数字化设计技术是实现海水养殖设施高效率、高质量、高标准设计的重要平台，成为引领海水养殖持续发展的重要支撑。先进的分析与设计手段，可以大幅度提高网箱养殖装备性能，扩大养殖容量，操作更方便，安全更有保障，效益更高。

（二）装备自动控制技术

随着 HDPE 圆形双浮管浮式深水网箱养殖设施趋于大型化并向外海发展，代替人工操作的装备是不可或缺的重要工具。机械化、自动化的养殖配套装备，使养殖过程操作变得简单易行。船载式投饵系统（图 4-16）、起换网辅助平台和起捕系统等都是有广泛应用前景的核心

图 4-16　深水网箱船载式投饵系统

配套装备，省时省力。装备技术的进步，使养殖产量大幅度提高，使可控生产成为可能。

（三）数字化管理技术

随着大数据技术的飞速发展，数字化管理技术是实现深水网箱养殖现代化的必然选择。养殖数字化管理系统是养殖过程管理的专家，有效实现软硬装备智能一体化的管家。其关键技术在于：海量养殖数据的积累、学习、分析后，实现一体化的软件和硬件设备有效集成，使鱼类养殖控制与饲料系统及多环境参数相结合，形成强大的数据分析报告，经过统计优化，减少人为工作的失误。同时，饲料系统和所有环境传感器都将被自动记录，以适应养殖产品质量安全记录全程溯源。通过与物联网衔接，使养殖、销售、加工、管理实现一体化，进行可控订单生产。

（四）大型鱼类网箱养殖技术

目前，中国南海 HDPE 圆形双浮管浮式深水网箱养殖的品种单一，产业抗市场风险能力不强。军曹鱼、金枪鱼等大型经济鱼类肉质好、营养价值高，是很受欢迎的海洋美食。随着加工技术的进步及消费习惯的改变，采用周长 100 米以上的网箱进行大型鱼类养殖将是未来发展的一个方向。研究养殖对象摄食、运动、圈养行为等综合表现特征与关键行为过程，弄清养殖对象对设施养殖环境的行为适应策略，同时解决好苗种、饲料等环节，借助相关自动、智能配套设施设备，有助于促进深水网箱向更远的海域发展。

第二节　中国南海桁架式养殖平台

一、发展历程

金属桁架结构应用于水产养殖装备最早出现于日本，中国山东、福建、广东、广西等沿海地区也有类似结构的网箱应用。依靠水面钢质桁架结构的稳定性支撑方形网箱形成养殖容积，并于桁架下布设塑料浮桶提供浮力，确保网箱整体漂浮于水面，内部敷挂柔性网衣实现养殖。与 HDPE 重力式网箱相比，钢质桁架结构具备更好的强度和刚性，可抵御较大的系泊载荷而不变形，避免破坏。但由于柔性网衣的耐流性能较弱，即便更换为金属网衣可实现一些改观，但直线上升的设施成本和施工维护投入制约了该类网箱的广泛应用。

2012 年起，广西和海南等地海域陆续出现了钢制全桁架重力式网箱（图 4-17）。该类网箱取消了提供浮力的浮桶，直接于底部采用大截面钢管提供浮力，且整体主尺度更大，可形成较大养殖水体；桁架杆件主要选用无缝钢管或者角钢，于网箱顶部设置宽阔走道，养殖作业环境得到较大改善；中间根据需要分隔成养殖单元，敷挂柔性网衣实现养殖。但这种网箱本质上仍属于重力式网箱，柔性网衣易变形的问题依然突出，同时由于提供的浮力有限，配载局限性较大，较大程度限制了其作为养殖设施的功能拓展。

图 4-17 广西和海南全桁架重力式网箱

近年来，国际航运量持续走低，船舶制造等海洋重工领域业务量逐年萎缩，相关企业纷纷转战深远海养殖技术装备领域，寻求发展突破口。其中，中国水产科学研究院南海水产研究所联合天津德赛集团设计建造的“德海 1 号”养殖船于 2018 年 9 月在广东省建造完成并投放于珠海万山海域（图 4-18）。该养殖船为钢质桁架结构，包围 1.1 万米^{3}水体，总长 91.3 米、宽 27.6 米、深 7.5 米；由桁架结构围成 4 个养殖区域，敷挂 PE 材质网衣，网衣网口、网底均与桁架绑系，防止变形，确保养殖容积；养殖船浮力由分布于艏艉的板架浮体提供；首次应用单锚腿单点系泊系统完成锚泊。养殖船主养卵形鲳鲹、军曹鱼、大黄鱼等品种，示范应用过程中成功抵御了 2018 年“山竹”强台风的正面侵袭，属于整体安全性能优良的养殖装备。

图 4-18 “德海 1 号”养殖船

二、主要做法

不同桁架式养殖平台的主体结构、漂浮特性、养殖水体包围形式和应用操作基本相同，差异主要体现在尺度、外形、功能实现与拓展等方面。以“德海 1 号”养殖船为例，对该类养殖平台的主要做法进行介绍与分析，以供参考。

（一）养殖船总体设计

总体设计主要注重设施全局统筹，核心关注结构物的功能实现、性能安全等技术问题，同时兼顾结构、舾装以及动力电气、养殖配套设施等多方面技术问题。

1. 布置

养殖船布置的好坏直接关系到有关功能实现的难易，同时也影响其主尺度大小、浮态好坏、经济性优劣等。养殖船作为适宜开展深远海养殖的浮式平台，需要具备圈养水体大、物料补给频次低、承载能力大等核心优势。首先，为满足养殖水体需求，通过初步获取主尺度大小范围，以养殖船宏观外形、走道宽度、靠泊长度以及海域大小等为约束因子获取最终主尺度；其次，对甲板面功能布局、需求面积、位置分布情况进行优化；最后，确定养殖船为具备船形艏部的细长漂浮结构物。该养殖船四周外框为结构、中间敷挂网衣形成养殖区，以“3+1”的区域布置形式满足不同养殖需求；艏艉左右舷各设置板架箱型浮体提供浮力，并作为实现多项功能的处所，分别设置储物区、投饲区、能源区与管控区4个主要功能区，满足养殖期间备件工具存放、饵料存储投喂、动力能源供给、集中管理控制与生活居住功能（图4-19）。

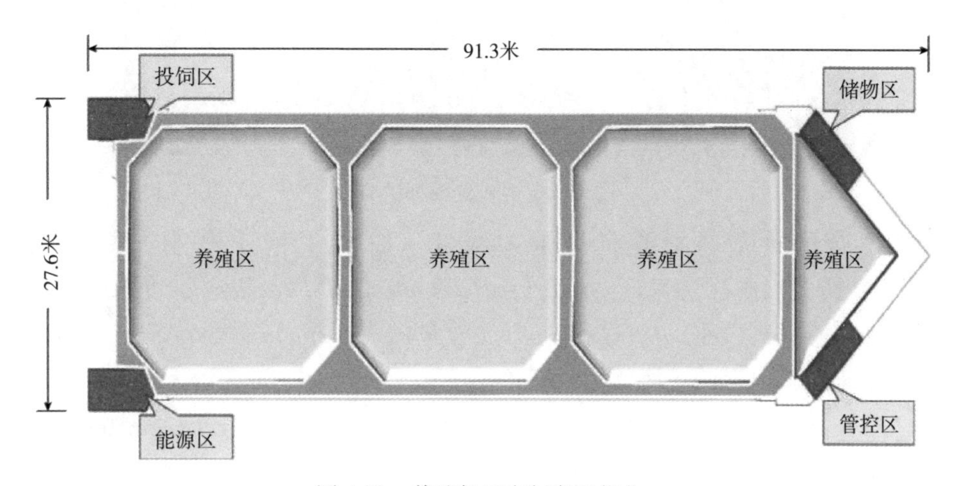

图4-19 养殖船尺度与布置优化

2. 性能

作为海上位置受限型浮式结构物，其流体力学性能除关系到其自身性能与安全外，还会对提供养殖空间的网衣安全造成重要影响，因此，掌握其性能是重要的前期工作。主要有3种方法：①参照相关规范完成有关计算和校核。②通过数值仿真完成典型工况下养殖船整体性能评估。③通过模型试验获取有关水动力参数。

作为中国第一艘桁架式结构的养殖船，“德海1号”通过多方位校核与评估，提升了养殖船的安全性能，确保了极限海况下养殖船不翻沉、锚泊稳固（图4-20）。

（二）桁架式构成

1. 结构设计

养殖船采用的杆件为无缝钢管，属于管桁架范畴。海洋结构物的结构设计与校核通常有规范设计与直接计算两种手段。该养殖船分别进行了这两方面的工作，以确保结构安全。由于其结构型式特殊，在船舶领域与海工领域无相关参考规范，因此遴选了有关船级社、国际

图 4-20　养殖船模型试验

行业协会的规范，主要有中国船级社（CCS）《钢质海船入籍规范（2015）》、美国石油协会（API）*Recommended Practice for Planning, Designing and Constructing Fixed Offshore Platforms—Working Stress Design* 和美国钢构协会（ASIC）*Specification for Structural Steel Buildings* 等，参照有关章节完成养殖船的设计。同时，开展必要的结构直接计算与校核，借助有限元结构仿真计算软件，计算全船结构响应和局部应力应变，完成结构强度校核。

2. 施工建造

养殖船为钢制全焊接结构，焊接工艺和焊缝质量直接关乎整个结构物的结构安全和使用寿命。针对桁架结构中焊缝多且集中的典型节点（图 4-21），应采用严谨的工艺设计并核算全部的焊接焊料，有关设计可参照中国船级社发布的《材料与焊接规范》，结合制造厂的焊接规程制作焊接工艺表，作为养殖船实际施工的工艺准则。同时，为了确

图 4-21　管桁架焊接典型节点与焊缝探伤

保焊缝质量和水密舱室的水密性，对完成施焊的分段和浮体的关键焊缝进行超声波焊缝探伤（图 4-21），实施多环节质量保障措施。

由于尺度大、结构型式特殊，养殖船需要的建造场地条件、吊装下水设施及总装工艺需要因地制宜。“德海 1 号”养殖船最终被建造厂划分为 4 个板架结构浮体分段和 10 个桁架结构分段，以分段建造法和从艏至艉模块化合拢工艺完成建造。

（三）养殖和维护

1. 养殖实现

开展养殖首先需要实现对水体的包围，桁架式结构仅形成了包围水体的轮廓，还需借助网衣与桁架可靠绑系固定实现养殖生物不逃逸。养殖船早期总体布置设计和结构设计阶段，确定了其型深为 7.5 米，水面以下均具备桁架结构，网衣的网口与网底绑系固定，使网衣在浪流作用下的形变较小，最大限度保证了养殖水体体积。

养殖环节设置配套机械化、自动化设施，有助于替代传统劳动力操作过程。例如，饵料搬运与投喂需要较高频次的劳动力投入；由于养殖水体大，所采用的网衣面积和质量均较大，网衣更换工作已经超出人力负荷，这就需要有专门的网衣更换辅助装备。养殖船建造了自带专家决策系统的船载投饵机与新型机械辅助起网组件（图 4-22），通过养殖辅助装备与养殖船的高度融合提高生产效率。

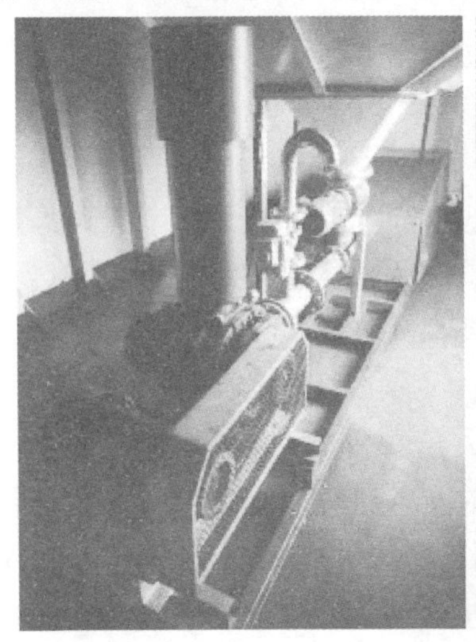

图 4-22 船载投饵机与起网组件

2. 防腐与保养

腐蚀是海洋结构物安全运行面临的问题之一。养殖船首先采用牺牲阳极的阴极保护措施，具体依据电位差进行了牺牲阳极数量计算，于结构外侧敷设了阳极锌块；其次，建造环节实施了典型节点“焊-磨-涂”同步的焊缝处理工艺，最大限度提升养殖船关键节点的防腐能力；并最终整体喷涂了防腐底漆与面漆。

养殖船常年处于养殖环境下，水下结构上会附着一层致密的贻贝（图 4-23）。养殖船经过一个养殖周期后，需要卸载上浮，通过阳光与高温将贻贝杀死，仅留存其外壳保持附着状态，形成养殖船船体结构与再次附着活体贻贝之间的隔离层，有助于延缓腐蚀速度，提升养殖船的使用寿命。对于水面以上结构，需要定期实施常规维护保养。

图 4-23　养殖船附着情况与暴晒场景

三、取得成效

“德海 1 号”养殖船作为桁架式养殖平台应用于离岸深远海的典型案例，投放使用至今，各方面已经取得了极大成功并获得了广泛关注，凸显了良好的经济效益、社会效益和生态效益。

（一）经济效益

养殖船位于离岸深远外海，对大黄鱼和军曹鱼等南海主要养殖品种的养殖试验表明经济效益显著。在暂养模式下，以军曹鱼为例，养殖船“3+1”养殖区形成的 1.1 万米^{3}水体可养殖 2 万尾鱼，每尾鱼质量增加约 5 千克，每 500 克鱼的净利润约 5 元，全年平均周转 3 次，该养殖船每年养殖净利润为 300 万元。除了养殖鱼类带来的经济收入提高外，养殖船各种辅助设施还最大限度地降低了人力投入成本。同等水体下，养殖船仅需 3 人便可实现全环节不间断运作，而传统网箱养殖至少需要 10 人。按月人均 0.4 万元，每年节约人力投入成本为 33.6 万元。

随着养殖模式的不断完善，养殖品种之间的匹配性更为优化，各养殖区的利用更为合理，以及可能逐步依托养殖船开发休闲渔业，带动区域其他产业的发展，其综合经济效益将十分显著。

（二）社会效益

“德海 1 号”养殖船的建造下水、抵御强台风侵袭与实施养殖示范，引起了业界广泛关注。该船运营至今，已有各级政府部门、多家相关单位和个人到现场考察与学习。除此之外，“德海 1 号”的发展动态引起了媒体的高度关注，中央电视台对养殖船的进展进行了跟踪拍摄与报道。

“德海 1 号”作为全球首个经历强台风检验并确保安全的大型养殖结构物，实现了养殖业“箱不烂、网不破、鱼不跑”的终极愿景，为中国海水养殖业的转方式、调结构以及养殖船的推广应用提供了指引，为中国乃至世界海水鱼类养殖树立了典范。有关技术成果辐射全国各地，甚至境外。目前，已经在中国沿海多个省份签署建造合同，这是为数不多成功实现技术复制与模式推广的大型养殖装备，将为促进海水养殖业高速发展作出积极贡献，也有利于带动原材料、加工制造、物流运输、养殖配套等相关行业联动发展，并实现就业增加，促进区域经济发展。

（三）生态效益

通过资源与技术集成，可实现 1 艘养殖船为 6～10 个深水抗风浪网箱提供工程化养殖支撑，促进养殖向外海深海转移，给港湾生态修复提供可行路径；养殖船的透水式结构，实现内外环境实时协同互动，提高养殖对象的原生态品质；深远海优良水质使得饵料系数降低，减少了养殖行为对海域自然环境的污染输入量；采用单点系泊方式，可依据环境条件实时小范围更换场所，大幅提升养殖区沉积物的自然降解速率，有助于降低养殖病害发生风险，提升养殖安全性；最后，凭借养殖容量的显著优势，辅以科学的养殖管理，实现无环境污染、减少病原滋生、禁用违禁抗生素等药品的负责任养殖，成鱼品质达到无公害产品要求，真正做到人类与海洋“和谐美好”的共同可持续发展。

四、经验启示

养殖平台所用的柔性网衣需要全新设计，除了形式上满足网口与网底绑系外，其自身结构强度需与养殖平台的频响、运动以及环境载荷匹配，否则会引起网衣大幅度变形，甚至损坏事故。“3+1”养殖区的设计，有利于养殖船结构强度安全，同时为建立灵活多变的养殖模式提供了基础。单锚腿单点系泊系统的首次运用，为产业提供了成功的系泊方案，同时便于养殖船转场、回场中频繁的解绑和复绑。

养殖平台作为基础装备，部分配套设施、养殖技术和工艺性能低下，相互之间的匹配度亦不高，因此，完善对应养殖品种的生产过程及劳动工艺，提升其与其他技术的兼容性，据此研发匹配度更高的配套设施、管理体系，是提升养殖平台综合性能的有效途径。最后，作为深远外海养殖的装备，其面临极端环境的概率高，安全预警机制和应对措施尚不完备，仍需要就相关内容展开深入研究。

第三节　中国东海岛礁海域工程化围栏

一、发展历程

铜合金材料网衣、超强纤维材料、钢塑复合材料和技术在水产养殖业上的应用，有效解决了网衣的防污及抗海洋环境腐蚀等技术难点。随着海岸工程技术的发展，以早期围栏设施结构为参照，2012 年，首次采用柱桩连接铜合金网，构建大水面围网养殖设施——工程化围栏，于浙江台州大陈岛海域建成并投入使用。目前，浙江大陈岛海域已建成 4 例工程化围栏并开展养殖生产（图 4-24）。另外在浙江温州鹿西岛海域、南麂岛海域等也建成多例工程化围栏设施。

2012 年，台州市椒江星浪海水养殖专业合作社建成了首座围栏养殖设施（图 4-25）。设施位于浙江台州大陈镇下大陈岛的北部海域，布局为周长约 360 米的正八边形，所处海域低潮位水深约 6 米、高潮位水深约 12 米，围栏水域面积约 1 公顷，由 120 余根混凝土柱桩围绕支撑，围网上部采用合成纤维网衣，下部为铜合金编织网。

2013 年，台州市恒胜水产养殖专业合作社建成圆形围栏养殖设施

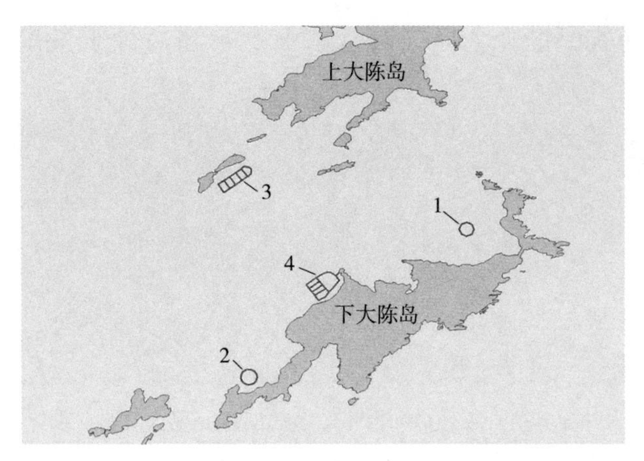

图 4-24 大陈岛海域及已建 4 例工程化围栏设施分布图

1. 台州市椒江星浪海水养殖专业合作社建造（2012 年） 2. 台州市恒胜水产养殖专业合作社建造（2013 年） 3. 台州市大陈岛养殖有限公司等建造（2016 年） 4. 台州广源渔业有限公司建造（2017 年）

图 4-25 台州市椒江星浪海水养殖专业合作社的工程化围栏

（图 4-26）。整体布局为圆形，周长约 380 米，所处海域低潮位水深约 5 米、高潮位水深约 11 米，围栏水域面积约 1.2 公顷。设施的固定桩为钢管柱桩，内外圈双排布局，外圈防护网衣为超高分子量聚乙烯纤维

图 4-26 台州市恒胜水产养殖专业合作社的工程化围栏

网衣，内圈网衣由铜合金编织网（水下）与超高分子量聚乙烯纤维网衣连接组成。

图 4-27　台州市大陈岛养殖有限公司和台州市椒江汇鑫元现代渔业有限公司的工程化围栏

2016 年，台州市大陈岛养殖有限公司和台州市椒江汇鑫元现代渔业有限公司联合建成船形分仓式围栏养殖设施（图 4-27）。设施布局为船型，周长约 700 米，地处海域水深 8～14 米，围栏水域面积约 2 公顷，通过网衣分隔为 5 部分进行养殖。采用直径为 1 米的钢管桩，养殖设施的网衣同样采取水下部分为铜合金编织网，水上部分为合成纤维网。

2017 年，台州广源渔业有限公司组合式的围栏养殖设施建成（图 4-28）。整体布局形如手掌，围栏水域面积约 4 公顷，地处海域水深6～12 米，可养殖大黄鱼 60 万尾以上。该设施采用钢管桩，网衣组成为铜合金编织网与合成纤维网。

图 4-28　台州广源渔业有限公司的工程化围栏

二、主要做法

中国东海岛礁海域的工程化围栏虽然布局多样，但设施的建造结构与围网的连接布设技术基本相同。工程化围栏主要由柱桩与围网网衣组成，柱桩的种类主要有混凝土桩和钢管桩，围网网衣主要有合成纤维网和铜合金编织网，通过将网衣连接固定于柱桩，底部埋置于海底，形成密闭的围网养殖空间。

（一）设施的布局

工程化围栏布局根据养殖海域的使用规划及养殖管理需要设计制定，布局的整体形式没有固定参照，中国东海的工程化围栏都是建造于靠近岛礁（岸）的开放海域，受海域地理等局限较小，因此布局形式多样，有圆形、方形、多边形及组合形状等（图 4-29）。布局变化是为了合理利用养殖规划区及满足养殖管理规划的需求，设施内部围网布设边界以圆形或椭圆形较好，方形布局及内部网栏隔断等折角处的围网布置宜平滑过渡，以适应鱼类沿网衣边界游弋。虽然布局形式多样，但总的布局结构主要划分为工程化围栏的外围框架、内部养殖区隔断以及养殖操作平台等。

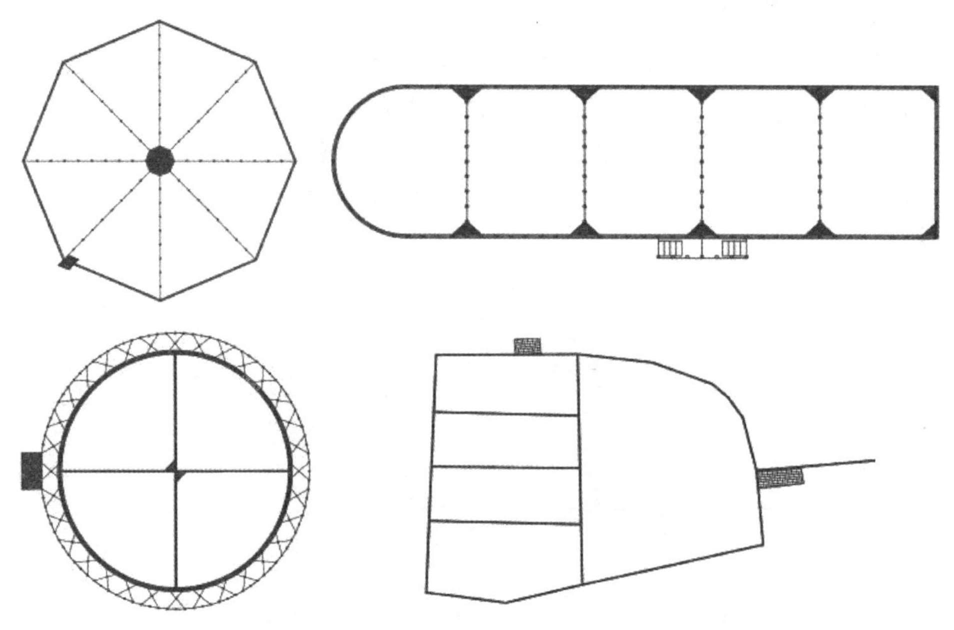

图 4-29　工程化围栏布局形状示意图（参考大陈岛 4 例围栏）

（二）柱桩建造

工程化围栏的柱桩选型主要包括混凝土桩和钢管桩，两种柱桩各有特点，可根据设计要求进行选取。

混凝土桩即钢筋混凝土灌注桩，其特点是节省钢材、造价低、可根据强度需要塑筑不同规格的固定桩，但对海上建造技术要求较高，费时较长。钢管桩为预制桩，特点是强度高、挤土影响小、建造较为方便。在钢管桩的内部浇筑混凝土可以进一步提高桩的强度。

对于单根固定桩，以海底平面为基准可分为两部分：上部高度根据水深及养殖需求设计决定，以大陈岛工程化围栏的柱桩为例，该海域平潮水深为10米，则柱桩在海底以上的高度需要达到20米以上（考虑海区的潮差及波高等要素）。泥下部分需要根据海底地质及施工要求确定深度。参照海洋柱桩的施工方案和相关标准规范等进行固定桩的建造施工，建成后由相关部门进行验收。

工程化围栏的柱桩建造布局需要参考海区的地理与海况等环境条件，结合审批的养殖用海区域面积分布等情况合理规划，以有效利用、建造可行、安全养殖为前提，设计围栏养殖的柱桩布局，为围网网体的构建提供安全支撑。

（三）围网网体构建

工程化围栏的围网网衣，目前主要采用合成纤维网及铜合金编织网，网体构建时，根据网衣的材料性能进行合理的布局和连接，是网体构建的主要技术内容。以大陈岛海域的工程化围栏为例，其网衣的连接技术可分为网衣之间连接、网衣与柱桩的连接及网衣与海底的连接（图4-30）。

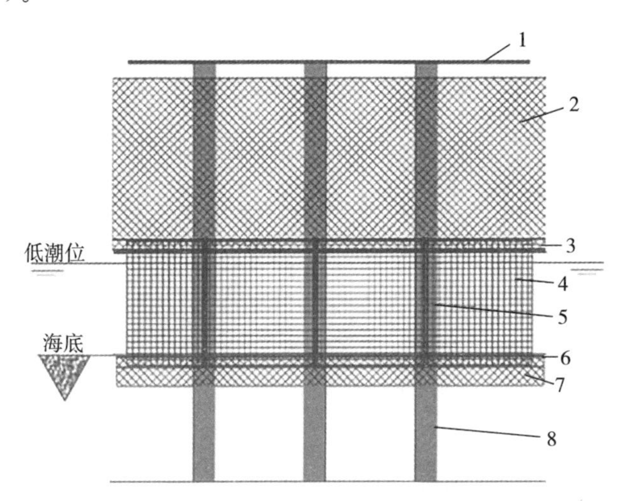

图4-30　大陈岛工程化围栏构建技术示意图

1. 桩桥　2. 围网上部纤维网　3. 围网上中部连接　4. 铜合金编织网　5. 围网与柱桩的连接　6. 围网中下部连接　7. 合成纤维底网　8. 柱桩

1. 网衣材料与结构

（1）合成纤维网　目前，国内外水产养殖应用的合成纤维网片制

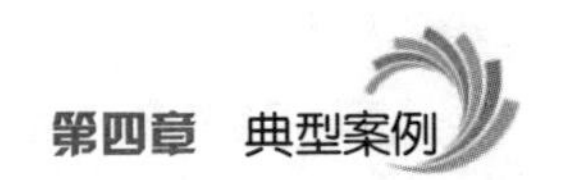

成过程：由纤维丝制成股，再制成线，然后经过不同的编织方法织成网片。围网的网衣一般是水上部分采用合成纤维网，纤维的种类主要是超高分子量聚乙烯纤维和聚酰胺纤维，网片的种类一般采用经编网。

（2）铜合金网　目前，围栏养殖设施采用的铜合金网衣多是铜合金编织网，以获得较好的结构强度与稳定性，不仅可保持围栏内部水体的通透性，同时提高了工程化围栏的抗风浪性能，中国水产科学研究院东海水产研究所开展铜合金网衣海水养殖应用过程中的网衣情况见图 4-31。

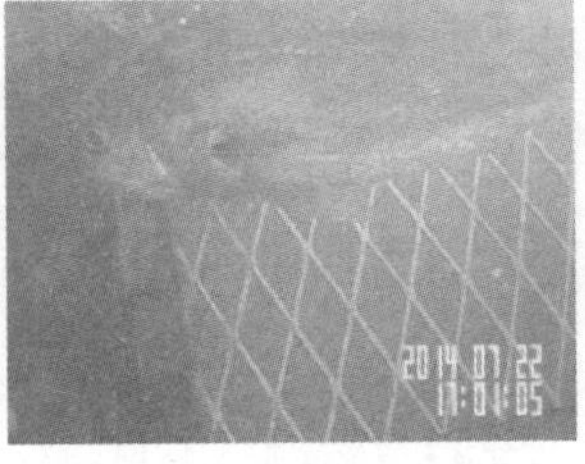

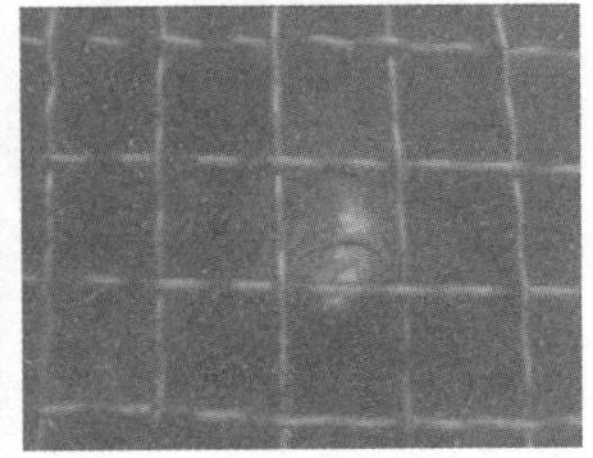

图 4-31　水下铜合金网衣

2. 网衣之间连接

围栏网体的上半部分是合成纤维防逃网，中间部分是铜合金编织网，底部连有合成纤维底网，其中合成纤维底网主要用于加强海底的密闭固定。因此，网衣之间的连接技术包括合成纤维网的网片连接技术、铜合金编织网的网片连接技术以及合成纤维网与铜合金编织网的连接技术。

（1）合成纤维网连接　合成纤维网的网片拼接即网片缝合，围网网衣制作中最常用的拼接方法是编结缝和绕缝。

（2）铜合金编织网连接　铜合金编织网网片之间的连接可以用工程塑料棒材（例如尼龙棒）作为转接，即首先将两片铜合金编织网的边缘与尼龙棒连接固定，再固定两根尼龙棒，可以避免铜合金编织网受力时造成的铜丝变形，尼龙材料具有高强度和耐磨性，可以避免铜丝的磨损，尼龙棒之间通过尼龙绳或高强度聚乙烯网线进行缠绕捆扎，在海上安装比较容易操作（图 4-32）。

（3）合成纤维网与铜合金编织网连接　首先，将合成纤维网的边缘连接绳索，然后，将合成纤维网的连接绳索与铜合金编织网边缘进行绕扎，即可实现合成纤维网与铜合金编织网的连接（图 4-33）。

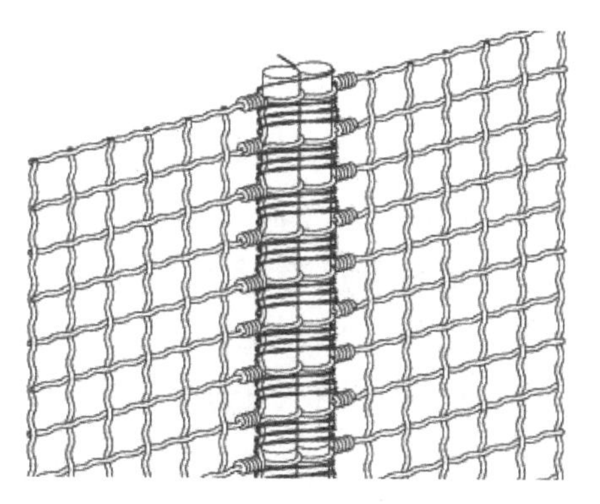

图 4-32 铜合金编织网网片之间的连接

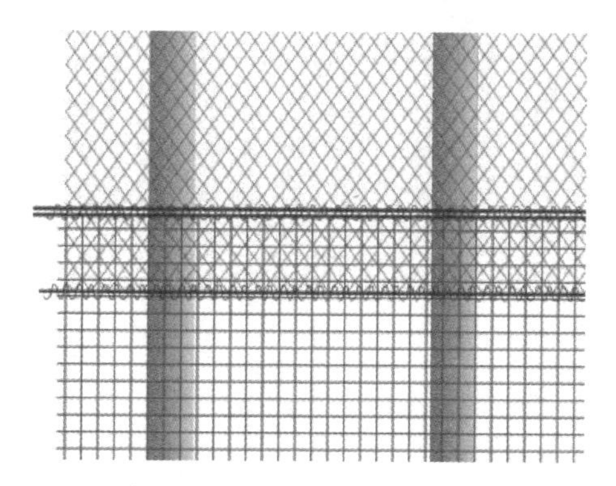

图 4-33 合成纤维网与铜合金编织网之间的连接

3. 网衣与柱桩的连接

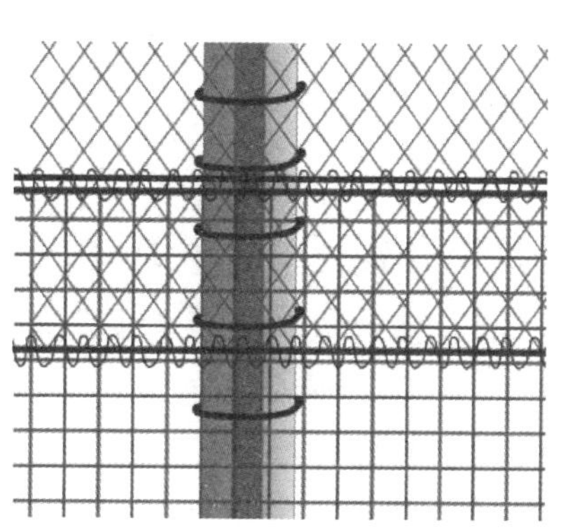

图 4-34 网衣与柱桩之间的连接

围网网衣与柱桩的连接目前方式主要有两种：整体式围网网衣与柱桩的连接、分段式围网网衣与柱桩的连接。两种方式的技术原则是保证围网网衣与柱桩之间的相对稳定性，即防止网衣移动造成网衣与柱桩的摩擦，并需要避免铜合金网衣的变形。例如，大陈岛工程化围栏在桩网连接固定时，采用在网衣内侧与柱桩之间插入一层软质的橡胶或塑料板的方法来防止摩擦，用绳索将网衣及中间的隔离板一起捆扎于柱桩上（图 4-34）。

4. 网衣与海底的连接

工程化围栏的建造过程中，网衣底部埋置的深度较深会造成铜合金网衣的浪费，较浅则可能导致在水流冲刷下形成鱼类逃逸漏洞。可采用在铜合金编织网的下部连接合成纤维网衣、浅埋铜合金网衣、深埋合成纤维网衣的方式，节约铜合金网衣的用量，在保证网底牢固的同时节约成本（图 4-35）。

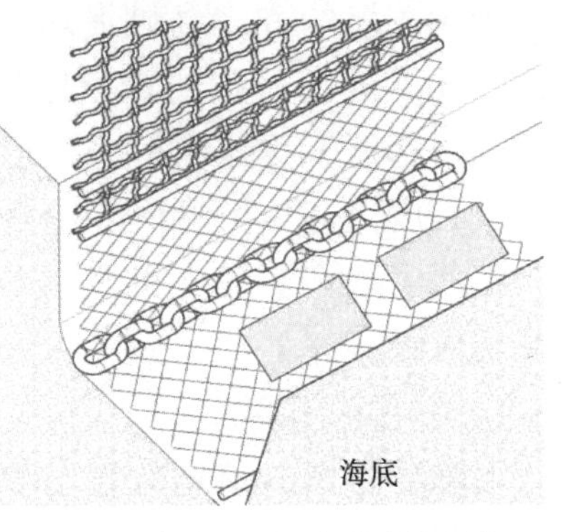

图 4-35　网衣在海底的连接固定

（四）养殖和管理

相比传统的深水网箱养殖，围栏设施的养殖投喂与管理维护有一定的调整。

1. 养殖苗种

目前，中国东海的围栏养殖鱼类品种主要是大黄鱼，大黄鱼是一种越冬洄游性鱼类，其越冬的极限水温为 7℃，因此在浙江省中部以北海域很难达到大黄鱼养殖的越冬条件，一般养殖周期为每年的 5 月投苗，12 月起捕，苗种的规格为平均体质量 300 克/尾，成鱼的规格为平均体质量 600 克/尾。

2. 饵料投喂

围栏养殖的投喂量应适当控制，在鱼类生长较快的 7—9 月每天投喂1～2 次，其他时间应适当减少投喂次数，尽量利用围栏养殖的开阔水域优势，使养殖鱼类觅食天然饵料，可提高养殖鱼类的品质，并可降低养殖过程对该海域水体产生的环境压力。

3. 设施维护

由于工程化围栏多建于开放或半开放海域，并需要保证良好的水流交换，因此，经受风浪甚至台风的考验是基本要求。围栏设施的围网网衣为金属网和合成纤维网，对比网衣的强度，网衣的连接处是较为薄弱的环节，因此，管理或养殖工作人员需要经常检查网衣的连接处和磨损处。水面以下的网衣及海底布网处需要专业的潜水员进行检查和维护，尤其在预报台风来临之前需要仔细检查并加固设施的相关部位，以避免损失。

三、取得成效

中国东海的许多岛礁海域，仍存在巨大的待拓展养殖空间，也是中国发展深远海养殖的重点区域。以大陈岛海域工程化围栏为例，该区域的深远海工程化围栏养殖已逐步形成一种新的生态养殖模式，不仅很大程度上避免了近岸养殖污染等问题，同时提高了养殖鱼类的品质，拓展了水产养殖业的发展空间，具有良好的生态效益、经济效益和社会效益。

（一）生态效益

大陈岛海域的地理位置与资源环境条件优良，但容易遭受台风等恶劣天气的袭击。工程化围栏的出现为抵御恶劣海况、构建安全养殖生产空间提供了途径。

围栏养殖利用大水体低密度的养殖方式，控制投喂饲料的数量与种类，降低了养殖对海域环境的压力，在开展生态养殖并结合养殖区域沉积物定期清除的同时，积极探索鱼-贝-藻多层级立体养殖模式，构建稳定的水域生态系统，为包括养殖鱼类在内的海域生物健康生长提供良好的栖息环境。

（二）经济效益

相比传统网箱养殖的大黄鱼，围栏设施养成的大黄鱼品质优良、市场价格高，因此得以不断推广与发展。以大陈岛建成的周长 360 米工程化围栏为例，在最低潮位水深 6 米时的养殖水体约 60 000 米^3，按每立方米水体可低密度围（放）养大黄鱼成鱼 3 千克计算，则整个设施年可养成大黄鱼商品鱼约180 000千克，按近几年大陈岛围栏养殖大黄鱼的市场价格（120～150 元/千克）估算，则年销售收入可达 2 000 万元。

随着围栏设施结构的不断完善，中国东海岛礁海域的工程化围栏设施可从规划设计方面，逐步开发休闲渔业，带动区域旅游、观光、垂钓等行业的发展，其综合经济效益将十分显著。

（三）社会效益

经过近几年的发展，中国东海岛礁工程化围栏养殖的养殖模式日趋完善，并已在其他海域（区）逐步扩展。例如，浙江温州洞头的鹿西岛海域，浙江东一海洋集团有限公司建成的白龙屿工程化围栏；浙江温州北麂岛海域，温州丰和海洋开发有限公司建成的钢管桩工程化围栏设施等。大陈岛目前共计 4 例工程化围栏，总养殖面积近 8 万米^2，每年可为市场提供 1 000 吨优质大黄鱼，提高了水产养殖效益，在推动当地水产业健康持续发展的同时，也拉动了水产加工、旅游等相关产业的发展，具有良好的社会效益。

四、经验启示

中国东海岛礁工程化围栏设施从首例建造，到后续逐渐发展，企业之间互相借鉴，不断加强柱桩的强度，完善了网衣的连接技术，但受限于发展历程较短，关于工程化围栏的基础研究仍比较薄弱，在一些技术环节与配套装备方面还需要进一步完善。

在遭受强台风袭击时，网衣仍会出现局部破损现象，增加了维修成本。需要开展网衣连接技术的优化研究，特别是合成纤维网与柱桩的连接，以及铜合金编织网与柱桩的连接，完善高强度的大网面构建技术，以抵抗强风浪的冲击。在保证网衣结构强度的基础上，研发快速牢固的网间连接技术，提高围栏设施的网衣结构强度。

工程化围栏柱桩的规格和整体布局没有统一的规范，柱桩的强度设计和规格选取没有依据，还缺少充分的科学数据支撑工程化围栏的受力计算，因此还需要开展更多的科学试验与模拟运算，以完善围栏设施的结构强度设计体系，为设施整体和局部的强度设计提供依据，同时也为设施的布局提供依据，合理利用资源，设计建造更为安全的围栏设施。

大陈岛围栏养殖的定位虽然是生态养殖，但具体的操作仍在摸索阶段，养殖容量控制、病害预防、环境控制等问题仍是企业关注的焦点。开展生态养殖的前提是不应为追求经济效益而盲目增加养殖密度和饵料投喂量。同时，也需要尽快研究确立围栏养殖的管理体系，为行业的规范发展提供指导。

工程化围栏作为一种结合海工技术的深远海养殖设施，其配套的养殖技术与养殖装备不同于普通网箱，在大水面投喂、饲料定量、管道输送、养殖海域环境指标采集、安全监控、废弃物清除、网衣水下清洗、成鱼集中起捕、信号传输、动力供给和装备操控技术等方面，需要不断研究完善，逐步构建围栏养殖配套关键装备技术体系。

第四节　中国东海半潜式养殖平台

一、发展历程

深远海养殖平台是深远海养殖产业发展的基础，目前常见的主要类型包括坐底式养殖平台、浮式养殖平台及半潜式养殖平台。经过几十年的发展，目前已有多个国家和地区通过试验研究和建造应用，开展实施深远海养殖平台设计与建造项目。

浮式养殖平台受限于恶劣海况条件，中国深海海域的离岸距离多超过 20 千米，特别是中国东海与南海的外海每年都会遭受多次台风等海洋风暴袭击，使浮式养殖平台的使用受到很大限制，半潜式养殖平台则成为应对此情况的解决方案。将半潜式装备结构应用于养殖平台建设，可以通过平台浮潜系统应对海洋风暴的威胁，并有利于养殖环境的调节，目前已成为较多大型养殖平台的选型方案之一。近几年，随着挪威“海洋渔场 1 号”在中国建造成功并于挪威海域生产应用，大型养殖平台如雨后春笋，在中国沿海不断涌现，特别是在中国海水养殖业发达的东海及南海海域，已建成多例大型养殖平台。例如，中国南海近两年建成投入生产的全球首台半潜式波浪能发电养殖网箱“澎湖号”。2020 年，在中国福建已安装完成的“海峡 1 号”（图 4-36）为单立柱半潜式养殖平台。

图 4-36　半潜式养殖平台

二、主要做法

半潜式养殖平台是一种集成海工装备、渔业养殖装备、潜降系统、锚泊系统、信息传导与智能控制系统、能源系统及水产加工装备于一体的综合性平台。不同的装备与系统需要权衡设计，以安全养殖为核心，从装备结构、信息监控、能源供给与系泊安全等方面保障设施与养殖对象的安全，发挥半潜式养殖平台的功能性与安全性。

（一）海工装备主体结构

半潜式养殖平台的结构多种多样，但基本都属于桁架式结构，即采用钢梁或拉索构建成具备一定刚性支撑的框架，以连接支撑网衣形成养殖空间。单立柱半潜式养殖平台的主体结构采用立柱稳定式结构平台，平台的浮体结构位于水面以下，漂浮时的稳性主要靠立柱下方的压舱调节，除了平台与立柱（浮体结构），整体结构通过支撑梁及斜拉索互相连接，形成半潜式平台的主体结构。通过搭载水控制系统实现舱体内部水的排出或进入，调整平台升起或下沉。

浮态时，半潜式养殖平台的上层部分即操作平台高出水面一定高度，以避免波浪的冲击，上层平台设计有作业平台、生产生活设施，同时搭载自动化养殖装备与信息控制装备等。平台的防腐蚀技术是保证平台整体结构强度的重要环节，主要包括潜降系统与管线的内部腐蚀、平台结构水上部分的大气腐蚀及平台水下腐蚀等。总体而言，半潜式养殖平台的结构设计需要统筹考虑摇摆性能、稳性、结构强度、材质性能、养殖安全和建造费用，以获得最佳设计方案。

（二）养殖装备

养殖装备系统以半潜式养殖平台主体框架为支撑平台，它的构建是实现平台养殖功能的重要基础，主要包括养殖网体构建与养殖配套装备体系组建。

1. 养殖网体构建

目前应用于半潜式养殖平台的网衣材料主要包括合成纤维与铜合金，即可采用全合成纤维网衣网体结构、全铜合金网衣网体结构及合成纤维网衣与铜合金网衣组合式网体结构。

根据铜合金网衣的期望使用年限、网片编织可行性以及网片阻力和质量等因素综合考虑选取铜合金网衣的规格，通常使用的铜合金斜方网丝径为 3～4 毫米，网目根据养殖对象需求及平台设计性能要求进行综合考量选定。例如，铜合金斜方网网目尺寸 40 毫米，适应于多数体质量 300 克以上纺锤形鱼类（大黄鱼等）的养殖。

铜合金斜方网的连接：依据网衣结构特点，采用铜丝绕插式来连接两片铜合金斜方网（图 4-37）。

图 4-37　铜合金斜方网的铜丝绕插式连接

铜合金斜方网与合成纤维网的连接：需要将网片的边缘预连纲绳，通过纲绳之间的捆扎进行连接。

铜合金网衣与钢制主体框架的连接：需要注意连接处的隔离措施，防止铜合金网衣与其他材质金属接触引起电位差腐蚀效应。

2. 养殖配套装备体系组建

养殖配套装备体系主要是指为养殖生产提供辅助功能的配套设施与装备，主要包括：生产型装备、设施维护装备与养殖监控装备。生产型装备包括：大平台自动投饵装备和鱼类起捕设备。

自动投饵装备利用计算机技术、自动化与机电一体化技术、环境与养殖技术等技术，运用水下摄像机对养殖鱼类生长情况和水下环境进行实时监测，依据海情、渔情数据准确给定投饵时间与数量，实现精准化养殖。

海洋中的污损生物会附着在平台及设备表面，包括水下的平台框架及网衣，采用铜合金网衣可很大程度减轻生物附着，而合成纤维网衣则会产生较多的生物附着，因此需要配备水下网衣清洗设备，根据网衣的附着情况及时清除附着物，保证网体与养殖生物的安全。

鱼类的起捕与输送装备也是半潜式养殖平台的重要组成部分，自动化程度高的起捕装置可大大降低劳动强度，提高经济效益，同时也可提高鱼类起捕的成活率，降低作业时对鱼类的损伤。目前，传统网箱的养殖生物起捕收获方式已不适用于半潜式养殖平台，机械化、自动化及智能化的鱼类起捕与输送设备是半潜式养殖平台的必需部分。鱼类的起捕与输送装备主要包括围捕渔具、起放网设备、吸鱼泵设备及活鱼传送设备。

（三）潜降系统

半潜式养殖平台的潜降系统是实现平台在水中升降的核心装备，主要包括：浮舱、压载舱及水控制系统。浮舱为平台提供固定浮力，保证平台的浮性和稳性，即风浪作用下的复原性；压载舱及水控制系统是通过压载舱内的水容量控制，调整平台的纵、横向平稳性及安全的稳心高度，确定平台的吃水深度，实现平台的潜降。

（四）锚泊系统

半潜式养殖平台的锚泊定位系统主要可分为永久锚泊定位系统和移动式锚泊定位系统。根据养殖平台的结构、海域水深与底质、建造成本等条件要求，两种锚泊系统都可以适用。

移动式锚泊定位系统，即悬链式锚泊定位系统，其利用锚链悬垂曲线的位能变化来调节平台在波浪中动能的变化。一般适用于水深300米以内、底质具备锚泊抓力的海域。对于水深较深的海域，悬链式锚泊定位系统较难满足定位要求。

在相同强度下，无档锚链比有档锚链轻10%，在锚泊系统中无档锚链应用较多。

适用于锚泊定位的锚固装置包括拖曳埋置锚、桩锚、吸力桩锚、板锚（拖曳埋置式和直接埋置式）和鱼雷锚等。锚的选择必须考虑底质条件、可靠性和负载等因素，不同的锚固形式所对应的安装方案也需在设计中加以特殊考虑。对于半潜式养殖平台，目前使用较多的锚固装置是吸力桩锚和吸力埋置式板锚。

（五）信息传导与智能控制技术

信息传导技术是将平台上监控设备采集的信息实时传输给远程管理人员，同时将管理人员的操控指令传输到平台上的自动化设备，因此，信息传导需要满足实时、快速与稳定的设计要求。

借助信息传导与智能控制技术，可实现半潜式养殖平台上的自动投饵、鱼类起捕与死鱼收集、网衣监控等工作。自动投饵技术根据设定的投喂参数及传感器获得的水流量、溶解氧等数据，分析确定投喂时间、投喂区域和投喂量，并根据实时监控的鱼类摄食情况调整投喂策略；鱼类起捕与死鱼收集技术可通过鱼类侦控、鱼类图像与行为甄别技术分析起捕情况，远程遥控整个操作过程；网衣监控技术可通过网衣传感器、水下摄像与图像识别技术获得网衣的附着区域，同时监测网衣的破损情况，以便于及时修补。

三、取得成效

半潜式养殖平台是以海洋工程平台技术为支撑、结合养殖装备而融合设计的大型智能化养殖平台，从产业角度上为中国海水养殖业的发展拓展了空间。

2020 年 5 月，中国东海半潜式养殖平台——“海峡 1 号”在福建省福鼎市台山列岛东南约 22 千米处海域完成安装调试。平台直径 139 米，网箱总体高度 42 米，配备 2 台 150 千瓦的发电机组和太阳能发电系统。该平台的边网和底网采用铜合金网衣，顶网采用特种有机高分子网衣。养殖水深 10 米，养殖水体达 15 万$米^3$，年可养殖大黄鱼 1 500 吨。平台安装投放海域水深 45 米，设计使用寿命 25 年。

“海峡 1 号”设计了三种操作模式：常规操作模式，即正常养殖状态，设计可承受的极限海况为有效波高 2 米；检修操作模式，即铜合金网全部露出水面，这种模式下主要开展维护工作，可承受的极限海况为有效波高 0.4 米；风暴操作模式，即在风暴潮或台风情况下，平台下沉 11 米，可承受 50 年一遇的极限海况。

“海峡 1 号”配备了养殖工作船，将自动投喂机安装在工作船上，平台上布置了投喂管道，通过快速接头衔接投喂机出料口和投喂管道进行饲料投喂。同时，平台也配备了环境监测系统，可监测流速、波高、水温等参数。随着深远海养殖产业及装备技术的发展，半潜式养殖平台的潜力将会被不断开发，为中国海水养殖业提供源源不断的前进动力。

四、经验启示

半潜式养殖平台作为一套完整的深远海养殖装备体系，不仅需要安全的海工装备支撑，更需要体现养殖装备的生产能力，使平台安全与养殖安全同时得到保障，需要从以下几个方面注重半潜式养殖平台的设计建造与生产应用。

1. 海工装备与养殖装备的契合性

半潜式装备系统与主体框架结构源于海工装备，例如海上油气平台、大型船舶等，但与养殖装备互相配套达到契合则是一套新的装备体系，平台的设计需要从养殖海域环境、养殖对象、养殖技术等方面综合考虑，特别需要考虑养殖容体的设计，保证半潜式养殖平台实现养殖功能并开展安全生产。

2. 潜降系统的可靠性与稳定性

与半潜式油气钻井平台不同，半潜式养殖平台的潜降系统是为了养殖对象躲避恶劣海况，因此，其可靠性与稳定性直接影响到平台能否在台风等恶劣海况出现前及时潜降，保证设施与养殖对象的安全，同时，潜降系统的作业策略需要以养殖对象的安全为前提，潜降速度、潜降深度、潜降稳性等都需要经过科学的验算。

3. 养殖容体构建与维护

养殖容体是养殖鱼类的“家”，安全的“家庭环境”是养殖鱼类安全、快速、良好成长的保障。半潜式养殖平台的大型化、功能化也为养殖容体的构建带来了技术难题，养殖容体包括舱式容体及网衣容体，如何与平台框架安全可靠地融接是半潜式养殖平台设计建造时尤其需要注重的环节。

4. 锚泊系统的安全性

依据半潜式养殖平台结构设计要求、投放海域风浪流历史数据、潜降系统设计要求（各作业状态，例如吃水深度等）与平台整体的水动力性能数据，确定锚泊系统的各项安全系数，并确定锚泊的连接方案，根据不同锚泊方案有针对性地选取锚索提升装置、锚索及锚固等型式规格，另外可根据情况设计锚泊快速脱卸与连接结构。目前中国的深水平台锚泊定位系统仍处于起步阶段，相关配套设备的国产化设计能力、制造能力急需提升。

5. 养殖装备实用性与能源保障

养殖配套装备及能源供给体系的实用性、稳定性尤为重要。养殖装备，例如自动投饵机、水下网衣清洗机、起捕设备等，养殖监控设备，例如平台水上与水下摄像监控设备、传感器等，都需要考虑海洋环境下的防腐蚀、防潮、水密等技术问题，并需要保证信息传导及各项设备信息指令执行的稳定性。以可持续利用能源（风能、光能、水能）为基础，建立微电网系统，保障平台的能源供给，并配备储能器件及一定规模的柴油发电机，可以确保养殖平台能源供给的稳定性。

第五节　中国黄海养殖休闲围栏

一、发展历程

大型围栏设施是中国近年来积极探索的深远海养殖平台之一，适于中国沿海大陆架走势平缓的海域特征，可用于多种地方性经济鱼类养殖。

近年来，随着渔业装备、水产养殖及海岸工程技术的发展，中国水产科学研究院东海水产研究所、浙江海洋大学、中国海洋大学、浙江海水养殖工程研究中心等单位开展了管桩式围网、浮绳式围网、柱桩式围网方面的应用研究，取得了良好的效果。2012 年，中国第一个大型海上围栏养殖设施由台州市椒江星浪海水养殖专业合作社成功建立，主要用于大黄鱼生态养殖，取得了不错的养殖效果和经济效益。其后，浙江、山东等地水产养殖企业纷纷建设养殖围栏设施，目前中国已经相继建立了 9 个不同形态和规格的围栏养殖设施，推动了中国开放海域大型围栏设施化养殖的发展。

二、主要做法

2017 年，莱州明波水产有限公司在山东莱州湾石虎嘴海域建设了中国北方地区第一个围栏养殖设施，围栏外周长为 400 米，养殖水体可达 15.7 万米^3，由 172 根钢制管桩和超高分子量网衣组成，配套大型多功能平台和小型平台共 8 个，并在装备研发配套、斑石鲷及黄条鰤等海水鱼类养殖试验方面取得了诸多经验，储备了养殖生产技术。

（一）围栏建设选址原则

该案例建设地点位于渤海区域，中国黄渤海区大部分海域坡度较小，适宜作业海域水深较浅且面积广阔，因而具有开展远海大型钢制管桩式围栏建设环境条件。选址点的特征为：海底底质较硬、泥沙淤积少，要求海底表面承载力不小于 4 吨/米^2，淤泥层厚度不大于 600 毫米；水体透明度高，受风浪影响较小，受污染程度低，日最高透明度500毫米以上的时间要求不少于100天，年大风（6级）天数少于160天，水质达到渔业二类水质标准以上；水流交换通畅，但流速不宜过急，要求不大于1 500毫米/秒，水深要求不低于10米；避开航道、港区、锚地、通航密集区、军事禁区以及海底电缆管道通过的区域及与其他海洋功能区划相冲突的海区。

具体建设地点位于山东省莱州湾石虎嘴海域，属于农渔业区域范围内，符合山东省海洋功能区划要求。围栏建设所处海域为圆形海域，半径为63.5米，用海面积1.27公顷。该海域的地理位置优越，水深12.4～13.5米，透明度较高，水流交换通畅，流速适宜，且围栏周边远离航道，无海底管线和国防设施，基础条件较好。围栏设施建设位置临近莱州明波水产有限公司生态型人工鱼礁区和深水网箱养殖区，有利于形成养殖区域的集成连片和规模化生产，便于集中管理，有利于形成增殖渔业、休闲渔业一体化的综合性渔业经济区。

（二）围栏设施设计与建设工艺

在围栏设施开始建设之前，莱州明波水产有限公司与中国水产科学研究院黄海水产研究所等单位科研人员同赴挪威、日本等国家考察深远海养殖设施与养殖经验，对国内外已有的先进经验、做法和建设技术工艺进行总结，针对黄渤海海域的底质条件、海况、水文以及生物资源情况，开展围栏设施的设计与建设工艺制定，保证了围栏设施的安全性。

1. 围栏设计与建设工艺

莱州明波水产有限公司在调研国内外围栏设施以及参考专家学者意见的基础上，制定了北方首座远海大型钢制管桩围栏的总体建设及应用方案，设计形状为圆形，利用钢桩、水泥桩等对网衣进行固定，网衣直接固定到海底，实现底层养殖底栖鱼类（半滑舌鳎等）与中上层养殖游泳性鱼类（黄条鰤、斑石鲷、大黄鱼等）的立体生态养殖，配套自动投喂装备、采收装备、活鱼运输船、工作船、水质在线监测装备、视频监控装备及智能化管控平台等现代化设施设备，建设多功能管护平台，实现养殖装备化、信息化和智能化，充分利用远海开阔海域，开展优质商品鱼的规模化养殖，降低养殖能耗、提高水产品质量，打造现代渔业养殖新模式。

（1）围栏设施设计原则　采用钢制管桩作为网衣的支撑架，双层结构，可以实现对废旧钢材的再利用。网衣采用特力夫超高分子量网衣。

（2）围栏设施设计说明　管桩设置：围栏所用管桩为直径 508 毫米、壁厚 12 毫米的螺旋钢管，长度 24 米，钢桩防腐符合《埋地钢质管道聚乙烯防腐层》（GB/T 23257—2017）要求。管桩打到海底下 7 米，海底之上的部分为 17 米。管桩就位后低潮位时管桩露出海面 4.6 米，高潮位时管桩露出海面 3.5 米（图 4-38）。围栏顶部内外走道宽度均为 1 250 毫米。内管桩围栏直径为 117 米，桩距为 4.6 米，外管桩围栏直径为 127 米，桩距为 5 米。内外管桩上平面加固连接，使用热镀锌 H 型钢，规格为 200 毫米×200 毫米×12 毫米。围网附加 7 个小工作平台（10.5 米×5.5 米）、1 个大工作平台（20.5 米×10.5 米）。

图 4-38　钢制管桩安装

（3）围栏设施设计安全的水动力特性保障　为保障围栏设施的设计安全，在围栏建设之初和建造过程中，开展了水动力特性分析。采用整体 1∶40、局部 1∶20 的模型比尺，在波流水槽中对大型管桩围栏进行了水动力物模试验，研究了网衣、管桩间距及不同水深、波高和波浪周期情况下的围栏桩受力情况，为优化大型管桩围栏设计提供了理论依据。

2. 围栏配套平台与设备

（1）休闲平台建设　设置了 8 个作业与生活休闲平台，其中生产作业平台1个、生活休闲平台1个、垂钓平台6个，生产作业平台配套液压吊机、柴油发电机、气动投喂装备、集装箱式库房。生活休闲平台设会议室、厨房、宿舍、设备间、洗手间、淋浴间，配套光伏发电、太阳能热水器、水箱、空调外机、污水处理设备等（图4-39）。

图4-39 围栏设施配套平台示意图

（2）配套装备的耦合配备 为保障围栏设施养殖生产和休闲渔业发展的顺利进行，配套建设了活鱼运输工作船、多功能休闲船、饵料气动投喂装备、吸鱼泵、起捕吊装设备等，提高了围栏设施养殖的自动化水平。同时，节省了大量的人力和物力。饵料自动投喂设备采用气动式投喂设备，可按照要求调整投喂距离和角度，保障投喂的精确性。吸鱼泵可实现养殖鱼类的批量化自动起捕，大大提高养殖鱼类入海养殖和出栏起捕的效率。

（3）信息化管理系统 为保障远海养殖生产管理的畅通，基于“物联网+”的理念，为围栏设施配备了先进的远程信息化管理系统（图4-40），通过对养殖设施、装备以及养殖鱼行为的监测，及时对围栏设施内的生物量进行评

图4-40 信息化管理中心

估和异常预警，实现对围栏设施养殖生产的信息化管理。

（三）明确围栏设施“养什么、怎么养”

1. 养殖种类与生产管理

充分考虑围栏设施所处海域的环境条件，尤其是水温和水质等因素对养殖鱼类的影响。

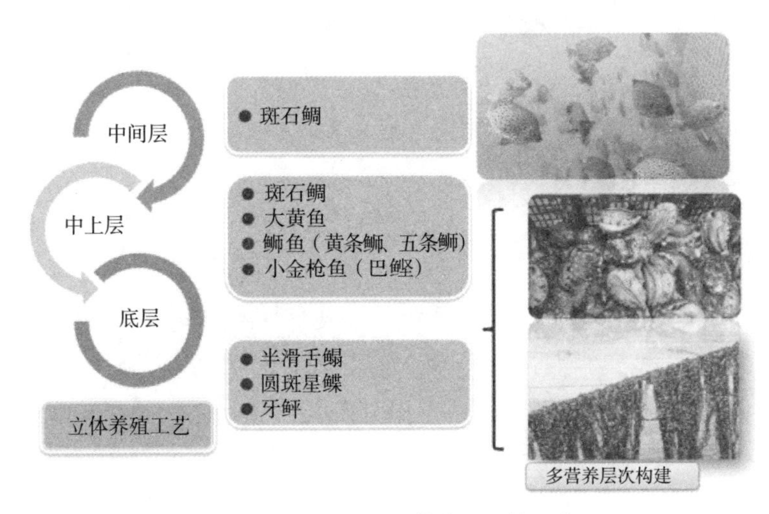

图 4-41　围栏设施立体养殖系统工艺

考虑市场消费需求紧缺、经济可行性高且适合围栏设施养殖的优质鱼类品种，例如黄条鲕、斑石鲷、大黄鱼、半滑舌鳎等优质鱼类。同时，应建立经济效益、生态效益最大化的品种搭配策略，实现养殖利益最大化（图 4-41）。由于中国北方围栏设施养殖存在养殖周期较短、水流较大的特征，因而需要选择大规格苗种，提高养殖成活率，缩短养殖周期，一般斑石鲷和大黄鱼苗种规格在 400 克/尾以上，半滑舌鳎规格在 500 克/尾以上，黄条鲕规格在 200 克/尾以上。

杜绝将不健康或带病原的苗种投放到海区中，以免引起疾病的流行和传染。

2. 养殖生产管理

（1）苗种投放　根据投放种类的适宜温度和天然水温的变化、气候条件来确定投放时间。

（2）看护管理　搭建海上养殖环境观测系统，实现视频监控、水质在线监测和自动预警，保障养殖生产安全，安排专人进行全天候管理，对围网配套设施设备进行看护，对饵料摄食情况进行管理，并保障正常运行。

（3）成鱼捕捞　围网设施养殖一般在每年10月底或者11月初进行采收，实现大规格商品鱼的分选销售和小规格鱼的工厂化越冬养殖。

三、取得成效

围栏设施养殖在中国北方海域进行养殖生产试验具有一定的特殊性，例如水温的变化和可养殖周期等，因此，项目实施前的可行性论证和试验性生产更为重要。

（一）围栏设施立体养殖试验取得了较好效果

2019年，莱州明波水产有限公司利用围栏设施进行了鱼类养殖试验。2019年5月，开始投放黄条鰤、斑石鲷、半滑舌鳎、许氏平鲉等鱼类大规格苗种进行立体养殖，养殖6个月后，于2019年11月海水温度低于16℃时收鱼。

1. 放养种类的规格与数量

根据中国北方海区低温期长的特点，选择自主培育的大规格苗种进行越冬培育后，在2019年5月待自然海区水温升至15℃以上时，进行苗种投放和养殖试验（表4-2）。

表4-2　放养种类的规格与数量

品种	规格（克/尾）	数量（尾）	陆海接力运输方式
半滑舌鳎	1 043±120	740	充氧打包，每包1尾
许氏平鲉	166.4±42	2 920	活鱼运输车船，100千克/米^3
斑石鲷	392.73±58	112 000	活鱼运输车船，100千克/米^3
黄条鰤	500±52	26 000	活鱼运输车船，40千克/米^3

2. 养殖关键技术

（1）饵料自动投喂技术　围栏设施配套安装了1套大型气动式饵料自动投喂设备，拥有3个料仓（单个料仓容积2.2米^3，可贮存饲料1.5吨）、12根投喂管（气动输送饵料），出料速率≥30千克/分钟、饵料粒径3～20毫米、出料口喷射距离≥5米、饵料破碎率≤5%，实现了高效投喂（图4-42）。

（2）养殖环境与鱼群监测系统　围栏设施上配套安装了养殖环境

图 4-42　饵料气动式自动投喂系统

和鱼群监控系统，利用高清视频、360°球机，红外摄像 200 万网络像素，实现对监控区域设施与鱼群的多视角监控（图 4-43）。安装水下影像观测仪，水平视角 3°～58°，实现对养殖鱼行为的实时观测和异常行为判别。配套安装了远程水质多参数传感器，可实现对溶解氧、温度、盐度、叶绿素等指标在线远程监控、信息传输和预警，对于养殖生产安全具有重要的保障作用。

图 4-43　远程监测与预警系统

3. 养殖鱼生长与健康评价

养殖过程中，对斑石鲷、许氏平鲉和半滑舌鳎的生长进行定期检测，结果显示：养殖结束时，斑石鲷、许氏平鲉和半滑舌鳎的成活率分别为98.5%、87.3%和97.3%。斑石鲷肝体比和脏体比显著上升，肥满度显著下降；许氏平鲉肝体比显著上升，肥满度显著上升；半滑舌鳎的肝体比和脏体比上升，但差异不显著，肥满度显著下降。结果见表4-3。

表4-3　试验鱼的养殖生长情况

品种	阶段	体长（厘米）	全长（厘米）	体质量（克）	肝体比（%）	脏体比（%）	肥满度	特定生长率（%）
斑石鲷	起始	22.99±1.27	23.95±1.09	392.73±58	1.4±0.03[a]	0.070±0.009[a]	3.22±0.25[b]	0.6±0.04
	结束	36.76±2.27	45.82±0.97	790.05±12.83	8.0±0.12[b]	2.71±0.71[b]	1.59±0.33[a]	
许氏平鲉	起始	18.38±1.69	21.68±1.8	166.4±42	2.3±0.02[a]	7.0±0.88[b]	0.27±0.06[a]	1.0±0.4
	结束	44.40±1.28	50.60±1.73	570.08±8.09	5.6±0.05[b]	3.5±0.5[a]	0.67±0.11[b]	
半滑舌鳎	起始	53.47±1.48	55±1.79	1 043±120	0.85±0.003 6	3.4±0.005	0.68±0.114[b]	0.3±0.05
	结束	57.23±2.24	60.6±1.3	1 467.5±33.26	1.33±0.003 2	7.8±0.007	0.56±0.121[a]	

注：不同字母表示差异显著。

养殖前后，斑石鲷和半滑舌鳎血液白细胞数目和红细胞数目显著增多($P<0.05$)，半滑舌鳎的血红蛋白含量显著减少（$P<0.05$），这表明经过围栏养殖后，养殖鱼类的携氧和免疫能力得到显著提升，表现出了更强的抗环境应激能力。

（二）对周边海域环境的影响评价

为调查围栏设施养殖对海区生态环境的影响，根据《海洋调查规范》，设定养殖区2个站点（W1、W2），辐射区3个站点（A、B、C），对照区1个站点（K），共计6个监测站点（图4-44）。其中A、B、C、K距围栏设施外围分别为500米、1 000米、1 500米、2 000米。2018—2019年，对6个监测站点进行了4次调查：2018年9月（本底调查），2019年5月开始投放养殖鱼时，2019年8月养殖中，2019年11月收鱼时。

结果显示：围栏设施养殖活动对养殖区和辐射区水质和沉积环境

未造成显著影响，各调查站位调查指标呈现季节性变化，符合国家第二类海水水质标准。沉积环境指标均符合第一类沉积标准。生物环境的4次调查结果显示，浮游动植物种类组成、数量分布和群落特征季节性变化显著，围栏设施养殖对生物环境未见明显影响。

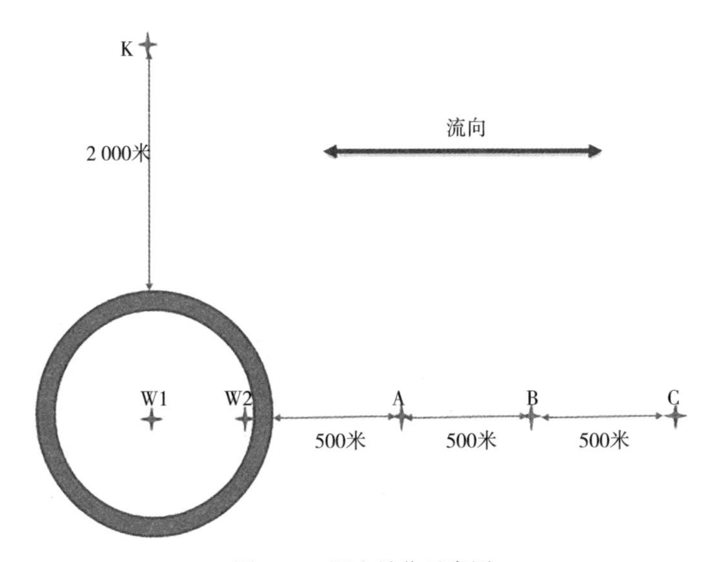

图 4-44　调查站位示意图

四、经验启示

在山东沿海创新打造远海大型钢制管桩围栏设施立体生态养殖模式，可为山东省海洋渔业转型升级和海洋经济新旧动能转换提供新空间，符合中国新时期海洋渔业绿色发展导向要求。

1. 适宜的选址是围栏设施建设与养殖成功的前提

中国黄渤海区大陆架坡度较小，适宜开发的浅海区域面积广阔。管桩式养殖围栏的网衣可直接固定在海床上，可突破深水网箱网深无法养殖的限制。同时，围栏设施养殖可实现立体生态养殖，成为在中国黄渤海区适宜开发的大型设施生态养殖模式。

2. 产学研合作是推动深远海围栏设施养殖产业发展的动力

围栏设施工程要求结构安全、智能管理、标准化制造，依托于高技术集成的海水养殖设施正朝着信息化、多样化、大型化方向发展，技术先进的养殖管理平台是深远海养殖的重要保障。相关企业和科研单位保持密切合作，并在围栏设施的设计安全、水动力特性评估、建设工艺、品种选择、立体生态养殖、生态容纳量评估、装备配套、安全养殖等环节进行了技术探索和创新。目前，虽然已开发出大型钢制管桩围栏养殖设施，但在围栏结构设计与优化及生态养殖模式建立方面仍需解决一些关键问题，例如围栏管桩最佳布设间距与埋设深度、围栏高程最优设计与极限海况下安全评估、围栏附着生物清除、底层渔获起捕及基于养殖海域环境承载力的养殖品种搭配与放养量等，亟待不断优化和完善现有建设工艺，形成标准化的设计与建设方案。

3. 适宜品种选择与关键技术研发是围栏设施养殖成功的保障

近年来，在中国海洋渔业转型升级和绿色发展的总体要求下，随着水产养殖装备技术快速发展，中国大型养殖网箱、养殖工船、生态围栏等设施建设发展迅速，例如“深蓝 1 号”“长鲸 1 号”等深远海养殖平台已建成并投入运行，为深远海养殖发展奠定了设施保障。但利用这些大型养殖平台养什么品种，如何高效养殖，成为深远海养殖发展亟待解决的问题。在不同海区开展大型围栏设施养殖，需充分考虑环境、设施与品种的适配性，同时对养殖品种的生物学特性、经济价值和市场潜力进行充分评估，在养殖生产开始前，需要做好养殖生产预案，以保障养殖活动的顺利进行。

第六节 中国黄海养殖平台

一、发展历程

随着科技的进步，集休闲观光、竞技垂钓、海洋采摘、食宿赏娱功能于一体的海上休闲渔业旅游体验平台、大型深海渔业养殖网箱等装备陆续投入使用，山东省海洋牧场建设正在从近岸向海上转移、从近海向远海延伸，走向“深蓝”。2019 年 4 月，烟台中集蓝海洋科技有限公司为长岛弘祥海珍品有限责任公司设计建造的智能网箱“长鲸 1 号”在烟台基地交付，成为山东省深远海智能渔业养殖和海上休闲旅游的新地标。

二、主要做法

针对黄渤海海域特点，坐底式网箱养殖平台在安全性和经济性方面具备不可替代的优势。

（一）主体结构

“长鲸 1 号”是中国首个通过美国船级社检验和渔业船舶检验局检验的坐底式网箱，主要功能为智能化渔业养殖兼休闲垂钓（图 4-45）。该装备配备了自动投饵、水下检测、网衣清洗、成鱼回收等自动化装备以及污水处理系统、海水淡化系统等环保生活设施，有效提高了网箱的智能化水平并减少了劳动力投入，最大限度保证网箱的安全性和经济性，实现了渔场的智能化、专业化、离岸化，是全球首个深水坐底式养殖大网箱和首个实现自动提网功能的大网箱。另外，该装备融合了养殖与休闲旅游功能，在平台两侧分别布置有 150 米^{2}的设备间和 400 米^{2}的生活区，可让游客亲身体验高科技养鱼过程。网箱上方建筑还采用了别墅设计，周边走台进行加宽设计，生活区内装采用高标准“中国风”装修风格，可同时满足 30 人休闲垂钓和观光旅游需求。该装备的投入使用加快了烟台地区传统海水养殖模式的升级转型，拓展了海水养殖空间，是山东省海上养殖业由浅海向开阔海域迈进的历史性跨越。

图 4-45 “长鲸 1 号”坐底式智能网箱

（二）水动力自动投饵系统

随着集约化养鱼技术的不断发展与完善，对相应的投饵方式和技术也提出了更高的要求。烟台中集蓝海洋科技有限公司自主研发了一款水动力自动投饵系统（图 4-46）。该投饵系统以海水作为动力来源，通过负压抽真空的方式，将饵料从饵料罐抽至管路中，再依靠水动力将饵料运输到指定位置，进行水下投喂。采用西门子先进的控制软件，实现饵料的定时、定量、高效和自动投喂，并完成投喂参数设定、运行状态监控及数据管理等。依靠精准电子称重传感器，实时监测下落物料及剩余物料的数量，保证出料量的准确性。为防止落料不畅，系统还配置震动电机，促进饵料下落。该投饵系统通过搭载先进的控制系统和数据分析系统，实现饵料的定时定量自动投喂，完成投饵工作参数的远程控制和修改，实现了深远海养殖环境下饵料的微量投放及远程监控等，是深水网箱养殖向自动化、智能化发展的重要基础。

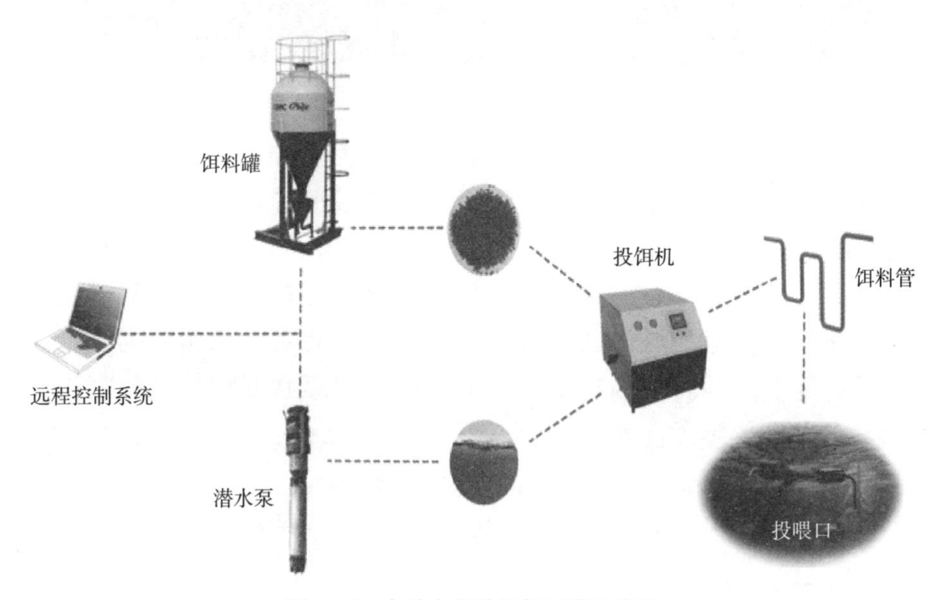

图 4-46　水动力自动投饵系统示意图

（三）大数据服务系统

“长鲸 1 号”搭载了大数据服务系统，以网箱为基础，结合云计算及大数据分析等先进信息技术，实时监测水文水质、气象、水下影像、生物类、设备类数据，通过远距离微波通信系统，将数据信息传输至云端互联网，实现设备数据、环境数据、养殖数据实时、高效的收集与汇总，并在 PC 端及移动端实现可视化（图 4-47）。

通过采集“长鲸 1 号”海域的水文、水质、气象等环境数据和鱼种类、鱼群密度、鱼体大小、日均饵料投放数量与次数等养殖数据，综

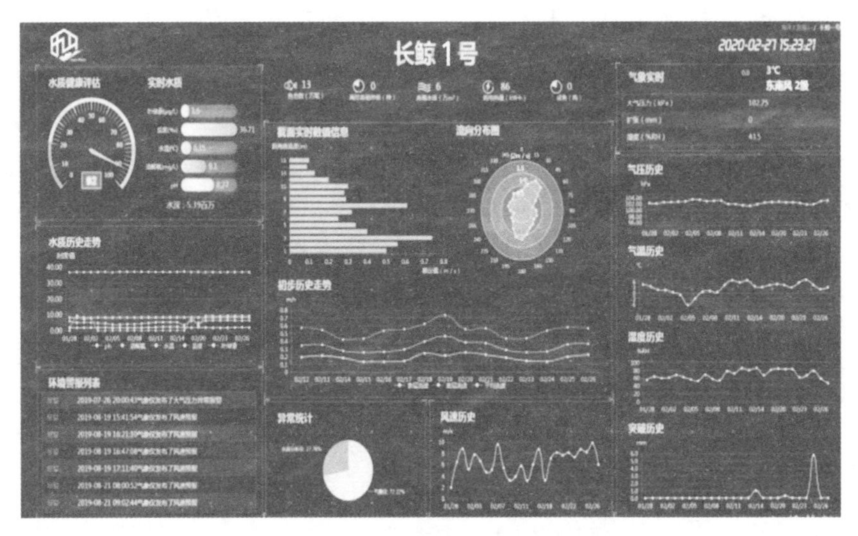

图 4-47　大数据服务系统

合渔业养殖专家的行业经验，以大数据技术为基础，建立投饵优化模型、网衣清洗预测模型、网箱养殖能力评估模型等，通过数据来辅助管理员决策，提高了深海养殖的“智慧”水平；同时，通过分析、预测海域海洋环境趋势，为绿色养殖提供预测、分析支撑，在提升鱼类产量的基础上，保证海洋和谐可持续发展；对装备类原始数据进行深入分析，建立可预测性维护模型，实现设备健康状况评估及故障隐患识别，在设备故障发生前提供运维策略，降低设备运维的人力成本、时间成本及潜在的经济损失，提高装备使用寿命。“长鲸 1 号”通过大数据服务平台，实现了深海养殖的可视、可测、可控和可预警。

三、取得成效

“长鲸 1 号”搭载的水动力自动投饵系统、大数据分析系统是其主要亮点，也是体现智能化操作的关键。

“长鲸 1 号”坐底式智能网箱于 2019 年 4 月正式下水并安装于烟台市长岛县外海，根据长岛县海域自然分布的海水鱼类等海洋生物调查记录，在充分考虑生物学特性、设施适配性、消费市场需求、经济价值和休闲需求等基础上，初步选择许氏平鲉、鲈、黄条鰤等作为网箱养殖对象，以期对养殖技术进行深入探索，形成规范化的养殖生产操作技术。

2019 年 5 月初，在设施与设备耦合测试成功的基础上，长岛弘祥海珍品有限责任公司利用该装备开展了鱼类养殖试验。投放了6万尾许氏平鲉鱼苗（规格250克/尾），养殖过程中对养殖关键技术进行了探索、优化与完善，养殖鱼长势良好，最终平均体质量达600克/尾，平均增加350克，成活率达90%。深海网箱养殖相较于传统养殖模式而言，鱼病灾害少，生长速度快，同时开放海域自然饵料丰富，大大降低了饵料成本。按照理论设计容量，该装备年产量可达1 000吨，年产值约4 000万元，经济效益显著。同时，可通过垂钓等休闲观光活动提高附加值，真正实现一、二、三产融合发展。

四、经验启示

自主研发设计，创新大型养殖平台建设工艺。“长鲸1号”装备的设计、建设工艺与设备国产化率达85%以上，绝大多数核心技术和设备具有自主知识产权，其中水动力自动投饵系统拥有100%自主知识产权，能够实现定时、定量、高效和自动控制。随着“长鲸1号”的交付和试验生产，不同形式（方形、船形、多边形）、不同固泊方式（坐底式、浮式、半潜式）、不同功能分类（鱼类、海珍品、养殖+休闲）的系列网箱装备将逐步建成。目前，中集来福士海洋工程有限公司正在设计建造由3座不同功能网箱集成的“耕海1号”，专门养殖鲍等海珍品。

“长鲸1号”是集养殖、旅游观光于一体的综合性大型坐底式深远海养殖平台设施，拓展海洋牧场平台兼顾海洋水质观测科研、海上养殖、海上旅游休闲以及垂钓娱乐等功能。在该平台的设计基础上，可根据企业的实际要求，实现定制化的设计与建设，可配备监测装备，完善国家海岸线监测体系，实现养殖平台功能多元化。另外，可通过技术的优化和完善，建立规范化和标准化的设计与建设工艺，不断降低建设和使用成本。

养殖与休闲渔业相结合，促进一、二、三产融合发展。“长鲸1号”是中国首个深水养殖和休闲垂钓功能相结合的网箱平台，在新旧动能转换的浪潮中，类似的海洋牧场平台、深海养殖网箱、养殖工船将在深海建起“万亩良田”。“长鲸1号”投入使用后，将形成“牧场生态养护+渔业智能养殖+海洋休闲旅游”的发展模式，助力现代化的海洋牧场和“海上粮仓”建设，为烟台市乃至山东省、中国的海洋牧场建设起到示范效应。

第七节　10 万吨级养殖工船

一、发展历程

2008 年，中国水产科学研究院渔业机械仪器研究所（以下简称渔机所）提出了养殖工船建设构想，并开始致力于大型养殖工船的研究。2016—2017 年主持承担了上海市科学技术委员会科研计划项目“大型海上渔业综合服务平台总体技术研究”，对大型深远海工船养殖模式进行了理论上的探索。研究首创了深远海大型养殖生产渔业服务新模式，完成了 10 万吨级集养殖、繁育、加工、物流补给等多功能于一体的渔业综合服务平台工程化总体设计。

2019 年初，渔机所受国信中船（青岛）海洋科技有限公司（以下简称国信中船公司）委托，负责 10 万吨级“国信 1 号”智慧渔业大型养殖工船可行性研究。项目团队经过深入细致的研究，编制完成了《可行性研究报告》和《商业计划书》，并通过了专家评审。专家组一致认为：“该项目是一个引领性、突破性和创新性项目，养殖工船建造方案和养殖实施方案总体可行，项目可行性研究报告符合评审要求，前期研究具有良好基础，论证材料齐全，可行性分析方法得当，项目具有良好的社会效益和经济效益。”2019 年 9 月，国信中船公司正式签订了工船设计合同，获得了山东省农业农村厅的批复。2019 年 11 月 7 日，项目技术方案通过首次专家评审。根据项目实施进度工作计划，“国信 1 号”智慧渔业大型养殖工船将在 2022 年正式投入使用（图 4-48）。

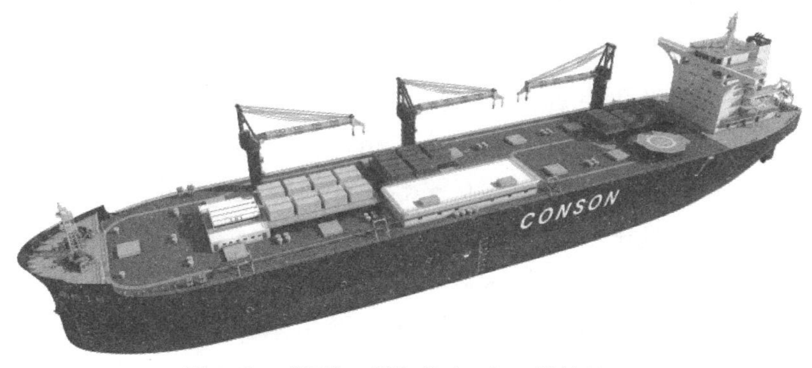

图 4-48　“国信 1 号”养殖工船三维效果图

二、主要做法

（一）功能定位

智慧渔业大型养殖工船是以工业化养殖技术、海洋工程装备技术、渔获物捕捞加工技术为基础，进行系统集成与模式创新，可以追逐适温海流，驶入特定渔场，躲避台风侵袭；与捕捞渔船相结合，可以构建驰骋远海大洋、持续开展渔业生产的航母船队（图 4-49）。

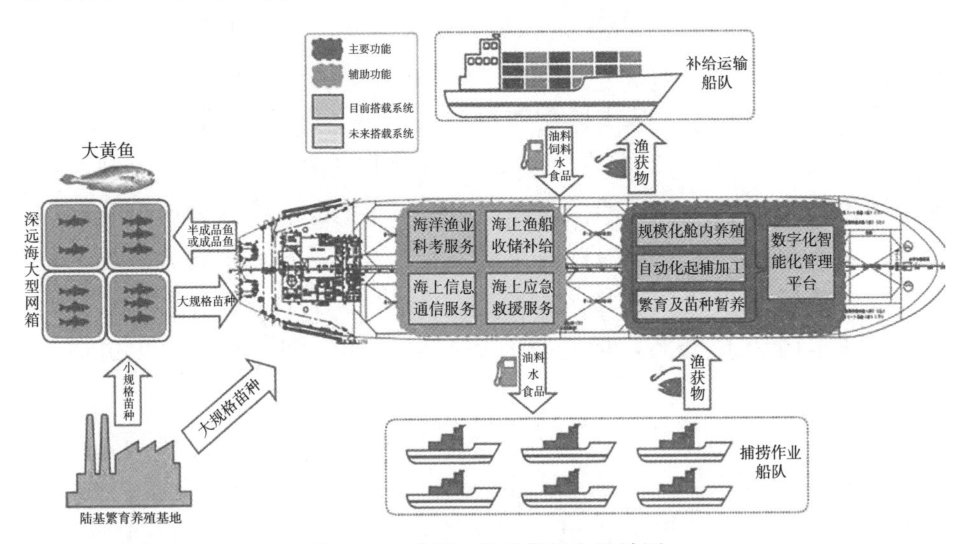

图 4-49 养殖工船功能概念设计图

经济性鱼类工业化养殖功能：利用深远海优越的水质条件，以该平台为载体，在养殖水舱内开展经济性海水鱼类养殖生产，设计最大养殖密度 18 千克/米^3。

加工功能：通过布置在平台主甲板上的加工车间，开展捕捞和舱养鱼类的初加工，并进行速冻冷藏。

收储、物流补给功能：为延长附近渔船的作业时间，节省燃油消耗，该平台具有对远洋捕捞渔船渔获物的收储功能和燃油、淡水及生活物资的补给功能。

渔业科考功能：搭载海洋观测系统，提供远海数据获取的新模式，对大洋信息进行探测，形成海上数据集。

信息通信服务功能：建设海洋信息感知与通信平台，搭载卫星通信转 4G/5G 通信基站，实现船载平台本体与搭载设备的运行状态监测管理、安全管控及自动控制，并具备很强的计算存储能力、预处理能力和外部通信能力，对船体资源进行优化管理及海上通信覆盖。

应急救援功能：船上设医疗设施，可为中国东海、黄海等远海渔民服务，设置的直升机平台可为远海渔民提供救援服务，也可以为中国海上维权执法公务船提供相关服务，建立渔业维权海上移动工作站。

（二）船型

养殖工船的船型选择重点考虑整船造价、载重量、投资回报率等方面指标的相互平衡。根据前期研究论证结果，养殖工船投资回报率随着载重量的增大而增加，养殖体量过小则经济性不佳；造价和载重量关系方面，以油船为基本船型考量，造价随着载重量的增大而上升，经济性区间在 5 万～12 万吨以及 16 万吨级以上，12 万～16 万吨级的船型造价增幅明显。散货船的造价-载重量曲线斜率虽然有所变化，但是不显著。因此，作为中国首艘养殖工船，8 万吨养殖水体容量无论是在规模效应还是投资回报率方面都较为合理。另外，新造船虽然比旧船改造成本增加了 20%，但是具有更好的适渔性和可靠性，也更适于推广普及。

“国信 1 号”智慧渔业大型养殖工船船型为 10 万吨级，是具有垂直首柱、单层连续甲板、方尾的散货船型；主要航行于中国沿海和近洋，船体采用钢质双壳、电力推进、双定距桨设计；船体总长设计为 249 米，型宽 45 米，养殖舱容 80 000 米^3。在平静海面，设计吃水 12 米，结构吃水 14 米，航速 10 节。

（三）主养品种

考虑到船型特点，养殖舱具有一定的深度，比岸基养殖场中的养殖池更大更深，更加适合游泳性鱼类，例如海鲈、大西洋鲑、大黄鱼、黄条鰤等。此外，养殖工船中饲养品种还需满足高经济价值、高市场需求、产业链相对齐全和饲料营养技术成熟等要求。

据统计，2016 年产量居前三位的海水鱼类为大黄鱼、鲈、鲆；2017 年为大黄鱼、鲈、石斑鱼。仿野生的大黄鱼和石斑鱼海面收购价均翻番，达到 80 元/千克，经济价值较好。但是，石斑鱼相对来说游泳能力较弱，大黄鱼更适合大水体的舱养环境。中国大黄鱼养殖业经过近 30 年的发展，已经形成了相对成熟而完整的产业链，为深远海智慧渔业大型养殖工船项目的发展提供了稳定的产业链资源。

鉴于以上原因，智慧渔业大型养殖工船选择大黄鱼作为主养对象，养殖规格设定为 250～1 000 克。

（四）工作海区和锚地选择

选择水温水质适合的海区进行养殖生产作业，可以大幅缩短养殖周期，提高经济效益。12 月至翌年 3 月气温较低，工船移动至中国南海海域，在汕头南澎岛附近抛锚，开展生产作业。随着气温升高，工船慢慢往北方移动，最远游弋至黄海海域海阳的千里岩附近。

（五）舱形布置

工船全船共设置 15 个养殖舱（图 4-50），艏部 1 个，另外沿船长方向布置 7 对养殖舱（一左一右）。养殖舱舱形方正，接近八边棱柱，长宽分别设计为 22.5 米、19.5 米。舱内壁采用光滑面设计，避免颗粒物堆积和养殖鱼类擦伤撞伤。舱底设计一定锥度，便于食物残渣及鱼类粪便收集排放。养殖舱内液位与海平面高度差为 2.5 米。

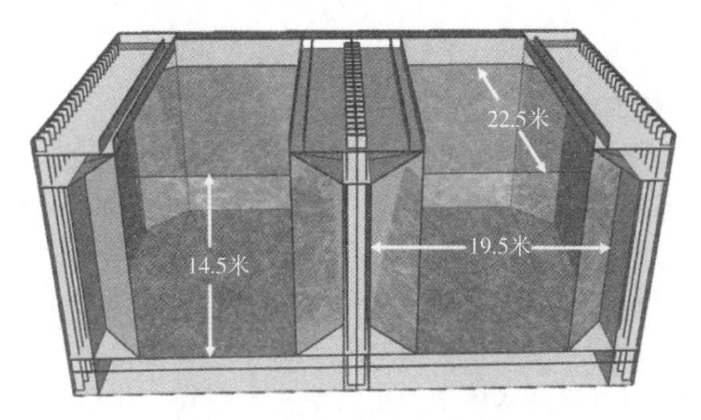

图 4-50　养殖鱼舱主尺寸示意图

（六）养殖鱼舱海水交换工艺

养殖鱼舱通过从外海抽取干净海水进行水交换来维持水质，以满足养殖对象快速和健康生长的需要，工艺设计如图 4-51 所示。水泵从船底位置将外海水抽入舱内，根据设计养殖密度以及大黄鱼耗氧情况，设计最大取（换）水流量为 16 次/天。每个鱼舱底部中央位置设置集污口，连接一路自流排水管路和一路集中吸污管路。自流排水为 24 小时长流水，通过舱内外液位差直接排入外海；集中吸污管路采用泵吸方式，设定在养殖鱼舱喂食后自动开启，能够在第一时间将底部沉积的大部分粪便和残饵抽吸出鱼舱，避免其进一步污染水质。

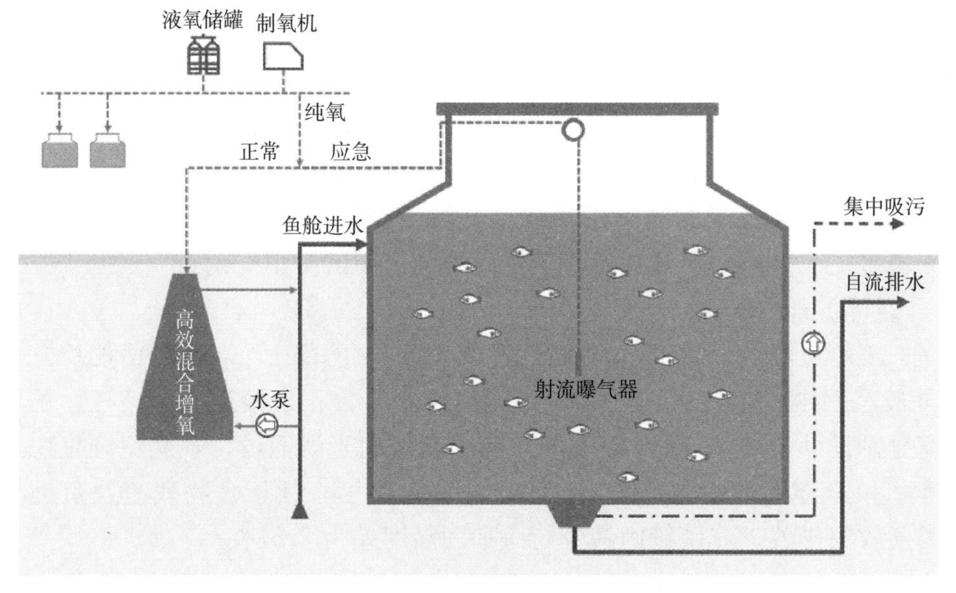

图 4-51　养殖鱼舱海水交换工艺原理图

（七）养殖鱼舱增氧工艺

养殖鱼舱设计最高养殖密度 18 千克/米^3，有效养殖水体 5 600 米^3，满载情况下养殖生物量超过 100 吨。养殖鱼舱增氧系统设计采用异位增氧，在取水总管上设置集成氧锥增氧装置，利用纯氧气源将外海水溶解氧量提升至超饱和后注入养殖鱼舱。在养殖鱼舱顶部同时布置 1 套射流式曝气增氧装置，当需要时可以自动悬放入鱼舱水体中，通过射流形成负压吸入氧气提高水体中的溶解氧量。船体主甲板布置制氧机和液氧储罐两种设备作为氧气源，对氧锥和射流曝气器供氧。常规情况下制氧机可以满足所有设备的供氧需求。当制氧机故障无法使用时，液氧储罐可以维持 2 天的应急供氧需求。

（八）饲料投喂

根据养殖工艺方案，整船设计饲料储备量≥560 吨，满足养殖工船 2 个月的饲料需求。主甲板上设有袋装颗粒饲料储藏舱，配备抓包机、自动拆包机和饲料输送机，可以向投饲系统自动供料。饲料储藏舱的环境条件控制在湿度≤75%，温度≤24℃。养殖鱼舱通过气力投饲系统实现自动化精准投饲，共设 4 套，每套负责 4 个鱼舱，可根据不同鱼体规格大小和营养需求选择投喂不同规格和种类的饲料。单个鱼舱设计最大投饲量为 0.8 吨/天。

（九）转运收捕

养殖工船转运收捕作业功能主要涉及投苗放苗和成鱼收捕两个环节。投苗放苗环节，采用船上吊机将活鱼运输船上的鱼苗通过帆布袋整体吊运至甲板层船中部的鱼苗转运池。转运池前后分别连接 1 根卸鱼通道，配备鱼苗自动计数、格栅分流等设备，并分别与船前部 9 个鱼舱和船后部 6 个鱼舱连接。放苗时将对应鱼舱的管道阀门打开，其余阀门关闭，同时向转运鱼池内注水，即可实现全自动化的投苗放苗作业。成鱼收捕环节主要采用吸鱼泵技术，每 4 个养殖鱼舱配备 1 台真空式吸鱼泵，从鱼舱底部吸出活鱼，沥干后转移至加工间进行清洗、分拣、包装、冷冻和冷藏。

（十）水质监测

养殖工船水质监测系统主要考虑两大功能：一方面是为选择合适的作业海域提供指导，另一方面是让养殖管理人员能够随时了解掌握养殖鱼舱内的水质变化情况。全船布置源水水质监测系统 1 套，布置于船底取水口（海底门）；每个养殖鱼舱布置 1 套养殖水质实时监测系统，水质数据实时发送至监控室控制台和网络云平台，使操作人员能及时掌握和控制养殖水质状况，预警预报养殖水质事故，提供最佳养殖水质环境。

三、取得成效

（一）经济效益

目标养殖品种为大黄鱼，年产量约 3 200 吨，按生态养殖大黄鱼市价 70 元/千克计算，年营业收入约 2.2 亿元。经估算，项目运营后计算期内年均利润总额为 4 641.5 万元（扣除财务费用）、年均净利润为 4 042.3万元。经测算，本项目总投资收益率为 13.3%，项目效益良好。

（二）社会效益

1. 带动渔业转型升级，打造海洋战略性新兴产业

大型养殖工船作为全新的现代渔业产业模式，有助于加快海洋渔业新旧动能转换，通过新技术、新产业、新业态、新模式，促进产业上下联通、前后贯通、陆海统筹，逐步建成并完善产业体系，成为带动渔业转型升级与规模发展的战略性新兴产业。

2. 加强优质安全水产品供给，保障粮食安全

大型养殖工船利用深远海优质海水（深层取水）进行水产养殖，具有适宜目标鱼类生长的温度和盐度，提供鱼类近似野生的生长环境，基本可以杜绝使用药物。通过高度的信息化集成，可实现养殖水产品的全程可追溯。销售链条与生鲜新零售、大型餐饮集团和大型商超等渠道结合，能为广大消费者提供大量优质安全的水产品，满足消费升级的需求，保障中国粮食安全。

3. 实施屯渔戍边和军民融合，保障国防安全

深远海渔业发展战略对于保障中国国防安全、维护国家海洋权益、解决领海争端问题具有重要意义。通过项目建设，打造一支驰骋万里海疆的“渔业航母船队”，是加强“屯渔戍边”海防建设、彰显海洋主权存在、维护中国海洋权益和国防安全的有效途径。

（三）生态效益

大型养殖工船利用深远海优良的养殖环境，可以拓展养殖空间，创新养殖模式，开展工业化渔业生产，提供优质可追溯的水产品。通过精准投喂技术减少养殖污染物排放，通过近海养殖外移转场以减少近海养殖排放污染水域环境，同时，通过远海规模化养殖，增加水产品供给，减少捕捞渔船数量和捕捞强度，逐步恢复近海渔业资源，实现海洋渔业资源可持续利用，具有良好的资源节约性和环境友好性，是现代渔业发展的必然趋势。

四、经验启示

以大型养殖工船、深水网箱、海洋牧场等海上养殖模式为依托，提出“深蓝渔业”产业发展理念与规划布局。产业发展存在的问题：①发展深远海养殖的产业准备不足。中国渔业正处在由传统渔业发展方式向现代渔业转变的初级阶段，渔业的生产力水平及其生产组织方式还是个体的、经验性的和分散的，工业化的要素还未真正融入，包括标准化生产、系统化管理、现代化装备和产业金融等，产业化平台的建立需要时间。传统养殖生产方式在品质安全、资源消耗与环境影响等方面的问题，在被社会所诟病的同时，也一直因农业的特性而为政策所宽容。养殖产品并未因品质的不同而形成商品价格差异；养殖用水与排放的成本并未真正由生产者承担；养殖产业对改变传统粗放的生产方式、实现可持续发展的压力不够、动力不足。发展海洋经济的综合保障不够，对拓展深远海养殖形成障碍。就深远海养殖产业建设而言，鼓励金融资本介入，推动设立保险类产品等非常有必要，一些产业性扶持政策，例如造船补贴、燃油补贴、退役船舶进口与再利用等，对推进产业化平台的构建尤为关键。②海上养殖机械化、智能化、信息化装备技术水平较低，包括深水网箱在内的现有养殖设施所运用的生产方式仍然是传统的、粗放的，生产作业、养殖管理主要依靠人力与经验，高效装备技术的应用很少见。对机械化作业装备、智能化管理系统以及物联网信息化系统的研发还处在起步阶段，尚未形成系统性、系列化产品。③生产系统高效运行得到的有效支持不足，针对养殖生物的基础研究有待加强。适宜深远海养殖的品种，例如高价值的石斑鱼、鲑、苏眉鱼、裸盖鱼、金枪鱼等的生理与生态学研究需要加强与完备，支撑精准、高效养殖生产的养殖产品生长模型、投喂模型、水质控制模型等有待建立，相关的集约化养殖技术，以及配套的活体运输、加工物流以及质量评价体系急需建立，支持工业化养殖的生产工艺、操作规范、品质管理技术体系对深远海养殖平台的高效运行至关重要。

第八节 挪威 SalMar “Ocean Farm 1”

一、发展历程

挪威位于欧洲北部，海岸线漫长，在水产养殖方面具有优越的自然条件。1946 年，挪威成为世界上首个建立渔业部并进行大规模渔业养殖的国家。20 世纪 70 年代，挪威海水养殖主要采用浮式网箱和围网进行养殖。挪威沿海普遍使用八角形网箱，用于养殖虹鳟和大西洋鲑。

挪威深水网箱于 20 世纪 70 年代研制成功。经过多年的发展，挪威网箱体积每 5 年迈一大步，尤其是深海网箱研制最为领先，配套设备最为齐全。网箱形式多样，材料轻，抗风浪、抗老化能力强，安装方便，能承受波高 12 米的巨浪。通过增加网箱生物量、网箱外移、提高饵料控制自动化程度来增加养殖产量。发展较早的是由挪威瑞发（REFA）公司研制的圆形浮式网箱，其主要由聚乙烯框架、浮绳框、张网架、锚（或桩、重块）、缆绳及浮球组成。在此基础上，挪威的重力全浮式网箱在近 20 年中获得了快速持续发展，形成了以高密度聚乙烯（HDPE）材料制造主架、周长 80～120 米、可抗风力 12 级、抗浪能力 5 米、抗流能力小于 1 米/秒的网箱，挪威目前大部分是这种网箱，也是当今全世界海水养殖最成功的典范。据统计，2019 年，挪威大西洋鲑产量达到 140 万吨左右，约占全球大西洋鲑总产量的 50%。挪威的网箱养殖从无到有，逐步成为海水网箱养殖王国，产品行销欧洲、亚洲、美洲等国家和地区，经济效益显著，发展势头强劲。

在挪威，渔民或养殖企业要经营海水鱼类养殖场必须先取得许可证，渔业管理部门对养殖活动选址、设备的选择、养殖方法、环境保护措施等都有严格的要求，而且海水网箱至少容纳 12 000 米^{3}水体时，才具备领取许可证资格。大西洋鲑养殖的数量也不是随意的，渔业管理部门在综合考虑市场、自然资源和环境等因素后，实施养殖数量的控制。截至 2016 年，挪威近岸和离岸海水养殖执照达 1 000 多张。随着养殖规模越来越大，挪威的大西洋鲑养殖出现了养殖密度过大、鱼虱等病害频发、养殖环境恶化等问题，限制了挪威海水养殖业的进一步发展，拓展深远海养殖空间成为其水产养殖业可持续发展的探索性途径。

2012 年，挪威萨尔玛集团（SalMar）集团开始了大型深远海养殖设施可行性研究，在接下来的 3 年内，评估了各种技术方案，形成了一个完整的半潜式海上养鱼设施设计，即 Ocean Farm 1。2014 年 9 月，SalMar 集团面向全球招标，抛出智能化深海渔场建造订单。武昌船舶重工集团有限公司控股子公司湖北海洋工程装备研究院有限公司中标，并于 2016 年初正式签约，2016 年 5 月 14 日开工建设。据了解，该装置单套造价约 4.2 亿人民币，生产消耗 210 万工时，是目前世界单体空间最大、自动化水平最高的深海养殖渔场。2017 年 6 月 3 日，Ocean Farm 1 在青岛顺利交付。2017 年 9 月 5 日，深海渔场抵达距挪威特伦德拉格郡海岸不远的 Frohavet 盆地海域，根据计划安装并进入试运行阶段，9 月中旬投放鱼苗，2018 年下半年首次收获。Ocean Farm 1 是集挪威先进养殖技术、现代化环保养殖理念和世界顶端海工设计于一身的深海养殖研发项目，被世界养殖行业认为开启了人类深远海养殖的新纪元，其运行试点的成功，将有助于突破水产养殖业目前的发展瓶颈，促进挪威水产养殖业的可持续发展。

二、主要做法

Ocean Farm 1 是全球首例半潜式全自动现代化大西洋鲑养殖装备、世界最大深海养殖渔场，配备了全球最先进的大西洋鲑智能养殖系统、自动化保障系统和高端深海运营管理系统及对应子系统。该设施为全钢网箱结构、全自动化养殖装备，可在 100～300 米水深海域进行高值鱼类养殖。该装置单体直径达 110 米、高 68 米，养殖水体 25 万米^3，结构总质量 6 000 吨，周长 346 米，可抗 12 级台风。

（一）设施选址

Ocean Farm 1 最终锚定在挪威中部，距离挪威特伦德拉格郡 20～30 海里的 Frohavet 盆地海域，因受北大西洋暖流的影响，水温终年在 5～15℃，该海区非常适合养殖大西洋鲑。此处水深较深，水质优良，且北大西洋暖流加速海水交换率，对于净化海水有积极作用。

（二）设施主体结构

设施的主体结构为钢制结构，上部布局为十二边形（近似圆形），有利于最大化养殖空间，并增大连接处的角度，利于鱼类沿网衣边界巡游，中间区域为操控平台，由 1 根立柱与底部固定，平台上为控制塔楼（图 4-52）。外框架与平台之间由 5 根桁杆支撑，操控塔楼中部固定 2 根弧形的支撑杆件连接外框架。主框架上布设有步道，便于生产作业人员行走。所有的鱼类处理作业都可以在设施上面进行，不需要借助其他辅助船只或设备。设施共有 12 根柱桩，连接设施上部和底部，柱桩之间通过斜撑杆件和横向杆件支撑，增加稳固性，底部有 12 根桁杆连接中心立柱与底部外框。12 根柱桩底部每隔 1 个柱桩安装 1 个浮力调节空舱，上部结构为圆锥体形状，下部结构为圆柱体结构，中心立柱底部安装 1 个圆柱体空舱，用以提供浮力，使设施处于半潜状态。此外，该设施设有 1 个可移动的和 2 个固定的隔板，可以将内部分为 3 个独立的隔间，以方便对鱼类进行不同的操作。

整体设施结构设计除了符合水产养殖业的有关制造标准外，也参考了适用于海上石油和天然气部门的法规和标准，设计寿命 25 年。

Ocean Farm 1 的锚泊系统为八点式系泊系统，包括监视器、导缆器、连接器以及海底负荷传感系统等，主要用于将该养殖平台牢牢固定在 Frohavet 盆地海域的海底。

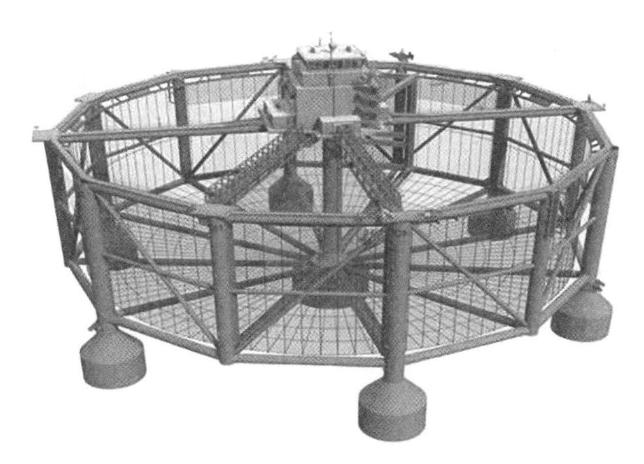

图 4-52　Ocean Farm 1 主体结构示意图

（三）配套设施与操控管理

该设施在中柱顶部配备有控制室、居住单元、生活用品及喂食鱼类的自动化设备。具备远海鱼类养殖与输送、饲料储藏与投放、智能化管理与运营等功能。首次融入了生物学、工学、电学、计算机等技术，将复杂的养殖过程控制变得简单而准确。该设施配置了旋转门系统，属于自动化、智能化的末端执行装置，具有网衣清洗、活鱼自动驱赶和捕获、底部死鱼收集、防鱼虱等功能，同时，在养殖过程中，旋转门将养殖空间隔离成若干个养殖舱，可以降低群体密度，以防止局部缺氧而影响鱼类健康生长。

三、取得成效

Ocean Farm 1 设施的试点成功有效解决了近海密集养殖鱼病多发等问题，具有良好的经济效益、社会效益和生态效益。

（一）测试成功

Ocean Farm 1 于 2017 年 9 月进入运行试点阶段，中旬在网箱中养育的 150 万尾大西洋鲑鱼苗投放入该设施。2018 年第三季度末开始收获并测试收获成功，剩余第一代产品于 2018 年第四季度进入市场。所养殖的大西洋鲑生长迅速、品质优良、虱病水平较低，没有进行虱病治疗。2019 年 1 月试点阶段完成，8 月投放第二代大西洋鲑鱼苗，2020 年秋季收获。

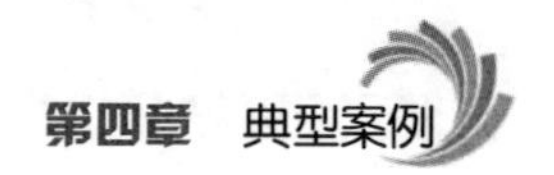

（二）经济效益

挪威政府及水产养殖行业一直致力于深海养殖的技术研发，巨大的市场需求催生了一个新的行业领域——智能海上养殖装备。据预测，仅挪威市场容量就超过 100 套，未来市场潜力巨大。

Ocean Farm 1 的养殖容量可达 150 万尾大西洋鲑，设计死亡率小于 2%，单个装备可产出 147 万尾大西洋鲑成鱼，成熟的大西洋鲑规格为 5～6 千克/尾，可产出 7 350～8 820 吨，单个装备可以获得近 1 亿美元的产值，经济效益十分可观。

（三）社会效益和生态效益

该设施是目前世界上最大的深海养殖设备，突破了传统近海养殖海域限制，可在开放海域 100～300 米水深区域进行大西洋鲑养殖，不仅可以抵御恶劣海况，更能解决近海养殖的生态环境问题，减轻近海密集养殖的压力，减少鱼病的发生，具有良好的社会效益和生态效益。

该设施处于开放海域，水体交换性能良好，通过海洋强大的自净能力，减少养殖排放物的堆积，并间接向海洋中“施肥”，减轻了近岸因养殖密度大、水交换差而导致的海水环境污染问题，具有良好的生态环境效益。

由于养殖设施远离大陆岸线，水体环境优良，养殖的鱼类病害少、品质好，可向市场提供优质的水产品，提高了海水养殖效益，保障了食物安全。同时，大型养殖设施具有宽阔的水面平台，可兼作休闲旅游，带动旅游等服务行业的发展，具有显著的社会效益。

四、经验启示

（一）技术问题

1. 高海况设施安全问题

开放海域具有大洋性浪、流特征，海况相较于近岸更加恶劣，基于结构强度的设施安全是首先需要考虑的问题。据报道，2018 年 9 月，Ocean Farm 1 发生倾斜情况，出现结构性损伤，造成网的某些部分位于海平面以下 0.18 米，导致少量大西洋鲑从设施内部逃逸，虽然及时采取措施避免了损失的扩大，但仍需要引起足够的重视。

2. 附着生物问题

海洋中存在大量的藻类、贝类等极易附着在网箱上，附着生物虽然很小，但造成的危害极大。在大型养殖设施设计中要充分考虑防附着生物的技术问题。

（二）管理问题

2016 年 2 月 28 日，挪威渔业局向 Ocean Farming AS（萨尔玛集团子公司）颁发了首批 8 个开发许可证。许可证授权有效期为 7 年，如果项目的运行符合挪威渔业局所订的目标和准则，则可在开发许可证到期之前转为普通生产许可证。这从宏观政策上对设施区域进行了布局规划，保障了海水养殖的有序化发展。另外，在全球环保理念下，还要制定海域环境监测预警机制，以及健康养殖行为规范，从养殖源头监测保障水产品质量安全。

深远海养殖设施是一个复杂的生产和管理系统，需要装配饲料自动投喂、死鱼处理、网衣清洗、集中起捕等养殖配套装备，加强在线实时监测和远距离精准操控，制定突发情况的应对措施，从细节上制定养殖管理操控流程和规范，为深远海设施养殖行业的规范发展提供指导。

第九节　智利 EcoSea 沉降网箱系统

一、发展历程

智利位于南美洲西南部，西邻太平洋，海岸线长达 6 435 千米，得益于优越的地理环境和气候条件，智利的海水养殖产量自 2005 年起保持在全世界第六位或第七位，目前已经成为南美海水养殖第一大国。智利的水产养殖以鲑鳟鱼类为主，其商品鱼的主要养殖方式为大型海水网箱。智利的南部沿海海岸陡峭，水深达到上百米，为开展海水网箱养殖提供了非常好的环境，其水产养殖企业规模大，采用的技术和设备都相当先进。许多鲑鳟鱼类养殖企业采用的都是挪威等欧洲国家的技术和设备，自动化程度很高，在整个养殖过程中，大多采用自动化投饵机进行投饲。

然而，深海网箱在恶劣海况特别是台风灾害天气多发的地区，还存在着设施结构安全以及养殖对象安全的隐患，沉降式网箱则是解决方案之一。此类网箱平时为普通的浮式网箱，恶劣天气时，则整个网箱可以沉降到所需的深度。成立于 2007 年的智利 EcoSea 公司研发了新

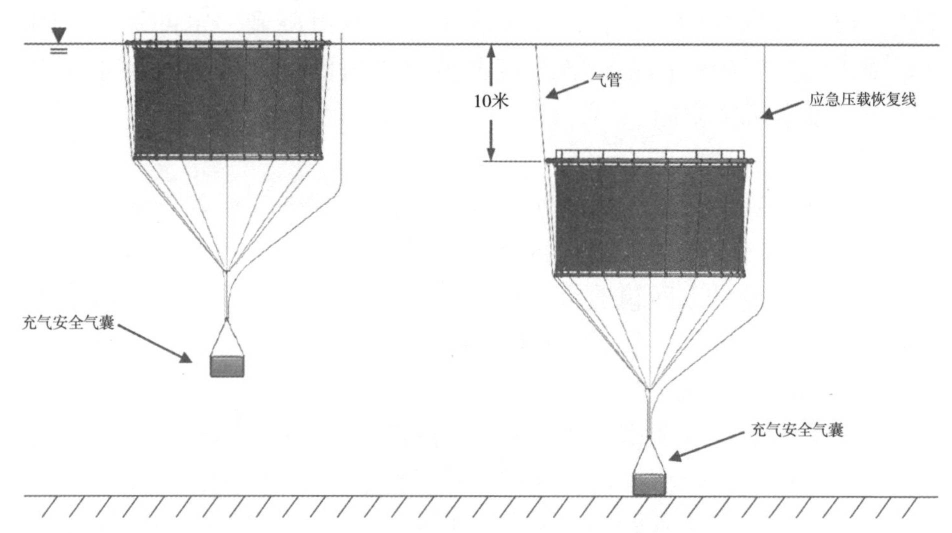

图 4-53 网箱上浮（左）与下沉（右）状态示意图
（改自 Drach，Tsukrov，Decew，et al.，2015）

型沉降式铜网箱系统，它以 HDPE 浮式网箱为基本架构，由多个养殖网箱组成，自主研发了沉降系统（图 4-53），辅以自动投饵和监测设备，具备自动化管理能力。另外，该网箱系统的网衣采用了铜合金材料，减少了附着生物对网箱的潜在危害。目前，该型沉降式网箱养殖系统已经在日本获得成功应用。全球最大的用于养殖大西洋鲑的沉降式网箱建设项目也于 2018 年 6 月启动，由 10 个单体网箱构成，每个网箱直径为 40 米左右，网体高度为 15 米左右，单个网箱养殖容量约为 18 840 米^3，可养殖 50 000 尾幼鲑。

二、主要做法

智利 EcoSea 新型沉降式网箱养殖系统的设计建造，以传统的 HDPE 重力式网箱构建技术为基础，结合了铜合金网衣抗附着生物和抗海水腐蚀的性能。整个网箱系统由 6～10 个甚至更多网箱组合而成，网箱的浮力框架材料为 HDPE，网衣材料为铜合金，防逃网材料为合成纤维，采用水下网格式锚泊系统。

（一）设施选址

首先，养殖设施布设范围尽量与特殊区域保持一定的安全空间，以免相互影响。其次，需要对所选的布设海域进行水文条件调查。由于设施属于沉降式网箱，在恶劣海况下要将其沉降到一定的深度，因此，要求水深至少为网箱设施高度与波浪能区深度之和，以保证设施有充足的安全沉降空间。

（二）设施布局

智利 EcoSea 新型沉降式网箱属于组合式系统，由多个网箱（偶数）呈并排网格式布局，其布局形式主要考虑海流方向和养殖管理的需求。一般来说，以网箱数量少的一侧正面迎击浪流。两排网箱中间部分为养殖管理航道，便于辅助管理船舶的通行和投喂、起捕等作业。

（三）网箱箱体结构

网箱箱体结构主要由框架系统和网衣系统构成。护栏管支架和底圈支架是智利 EcoSea 专门设计研发的刚性支撑结构，护栏管支架主要用于连接内、外圈主浮管和护栏管，护栏管支架底部和底圈支架底部设计了底环，用于连接网衣，其主体材料为不锈钢，外涂防腐材料，以保证足够的强度和耐腐蚀能力。

（四）网衣系统

EcoSea 沉降式网箱的网衣主要分为两部分：一部分为防护网，可选择聚乙烯或尼龙等合成纤维材料；另一部分为网衣的主体，采用铜合金材料，具有防生物附着的作用。

铜合金网衣安装于网箱的侧面，是网箱水体交换和鱼类养殖的主要结构。在铜合金网片的外侧均匀加装垂向力纲，用于支撑铜合金网衣，减少网衣受力与摩擦。底网采用近梯形拼装成圆形，每两片网衣与纲索缝合，纲索的一端连接底圈浮管和侧网，另一端连接中心部位的支撑底盘，支撑底盘底部中心通过纲索与压载水舱相连。

（五）锚泊系统

该养殖网箱采用水下网格式锚泊系统（图 4-54），将网格安装在水面以下一定深度，可以有效减少锚泊系统的占地面积，还可以通过网格连接至水面浮筒的距离控制网箱的下潜深度。锚泊系统校正简单易行，可以应对不平坦的海底地形，位置误差范围

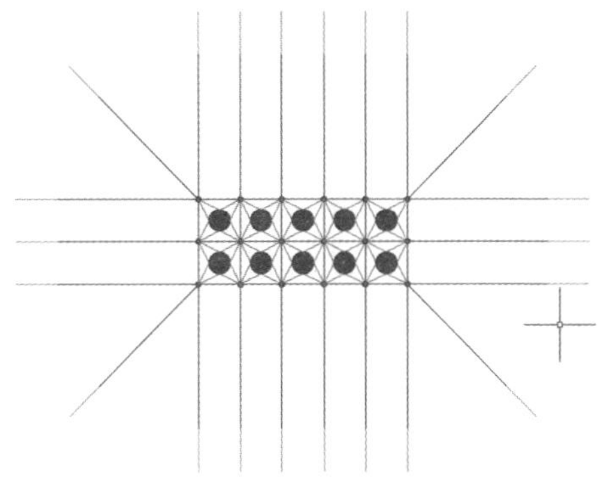

图 4-54　水下网格式锚泊系统布局示意图

小，锚纲张紧程度可调。锚泊系统的安装均在船上进行，装配容易，操作简便。

三、取得成效

该网箱采用了新型沉降系统，提高了沉降功能的可操作性和可靠性，具有显著的生态效益、经济效益和社会效益。

（一）生态效益

该沉降网箱养殖系统的沉降功能可有效避开恶劣海况，尤其是飓风等灾害天气，适应深远海海域的水文条件，使养殖范围扩展到远离大陆岸线的海域，减轻了近岸养殖环境的压力，减小了养殖密度，降低了水环境污染和鱼病多发的风险。采用铜合金网衣材料，可有效抑制生物附着，保持水流畅通，产出优质健康的水产品，生态效益显著。

（二）经济效益

该网箱系统在智利主要养殖大西洋鲑，以 10 组养殖网箱的系统为例，每个养殖网箱的直径为 30 米，高度为 10 米，养殖水体为 7 065 米^3。按照养殖密度为 10 千克/米^{3}计算，可产出 70 吨的大西洋鲑成鱼，以 10%的死亡率计算，实际产出 63 吨的大西洋鲑成鱼。大西洋鲑按价格 10.5 美元/千克计算，单个网箱可以获得产值为 66.15 万美元，10 组网箱共获得产值 661.5 万美元，经济效益十分可观。

（三）社会效益

沉降式网箱是适应优质海水鱼养殖的装备设施，6 组网箱系统可向市场输入近 400 吨的优质鱼产品，有效缓解供需矛盾。优质海水鱼类的经济价值高，养殖利润空间较大，可以增加企业的收入。发展沉降式网箱养殖可以提供新的就业机会，在推动水产业可持续发展的同时，还可以带动鱼苗生产、物流、加工等相关产业的发展，具有良好的社会效益。

四、经验启示

智利 EcoSea 新型沉降式铜网箱已成功在日本海域应用示范，并有多套系统在智利、加拿大、澳大利亚和挪威等国家开展研发工作，但在不同国家海域中应用时，还需要在技术细节和配套装备方面进一步研究和完善。

(一) 设施选址

中国沿海地质为大陆架构造，宽度一般在180千米以上，距离海岸线较远，需要充分考虑选址的条件，不但需要符合网箱沉降的深度需求，还要考虑管理和维护便利性。同时，还需要根据海域条件设计研发适合当地海域养殖的网箱系统，使其具有经济可行性。

(二) 网体装配

该网箱系统网体装配涉及铜合金网衣之间的连接，以及网衣与框架之间的连接，需要完善网体装备技术与规范，以防止在受到高强度集中应力载荷时出现连接处的破损。刚性网体的连接还需要注意摩擦问题，海洋环境复杂多变，网衣受浪流的作用处于连续晃动状态，连接处容易产生相互摩擦现象，对网体的安全性和使用寿命造成影响。

(三) 系统管理与维护

智利EcoSea新型沉降式网箱系统需要结合远距离信息通信技术，实现对养殖网箱的实时监测和管理，可以节省辅助渔船往返养殖点的时间和人力成本。

(四) 完善养殖模式与养殖规范

在不同国家的海域应用，养殖对象、养殖环境等条件也会有所不同，需要有针对性地开展养殖对象对沉降式网箱的适应性研究，完善养殖模式和操作流程，从投放鱼苗的规格和时间、养殖密度、饲料投喂量、成鱼起捕等方面制定标准的养殖规范，为沉降式网箱的规模化发展提供指导。

第十节　美国InnovaSea碟/球形网箱

一、发展历程

美国从20世纪70年代开始进行海水鱼类养殖，至90年代开始发展开放海域水产养殖，探索海水养殖可持续发展的解决方案。其中，具有代表性的有Ocean Spar和Ocean Farm Technologies两家养殖企业。

1989—1994年，美国Ocean Spar的海上养殖网箱工程开发主要集中在锚张式网箱Aquaspar的设计和测试，这种网箱由4根15米长的钢柱以及8条80米长的钢丝边围成，圆柱依靠锚和网直立固定。网衣为超高分子量聚乙烯纤维制成的无结网。Aquaspar 网箱在低能和高能海况海域之间的灰色区域中表现最佳，特别是在高流速和中度波浪的海域中表现尤其出色。1994 年，Ocean Spar 的工程师开始设计研发并测试 SeaStation 养殖网箱。2003 年，经过 9 年的测试和验证，SeaStation 网箱被选择安装在夏威夷岛 Keahole Point 某处远海海域，并于 2005 年安装了第一个网箱，更多的 SeaStation 3000 型网箱将用于养殖长鳍鰤。

2005 年，美国 Ocean Farm Technologies 改进开发了类似的 AquaPod 网箱，它是一种球形框架结构的全封闭型网箱，具有固定体积的半刚性结构，可进行模块化设计，控制潜水深度，能够在开放海域的深海、高海况条件下安全运行。

InnovaSea Systems Inc 成立于 2015 年，合并了 Ocean Spar 和 Ocean Farm Technologies，该公司旨在为海水鱼类养殖设计开发先进的养殖设施，并对 SeaStation 和 AquaPod 网箱进行持续的优化改进。

二、主要做法

（一）SeaStation 碟形网箱

SeaStation 碟形网箱是由美国 Ocean Spar 研制的一种双锥形刚性结构框架网箱，又称海洋站网箱或中央圆柱网箱，主要由钢制圆筒状中轴、多边形钢管外圈组成，通过绳索将中轴两端和外圈钢管节点连接，并与网衣形成上下对称的飞碟形养殖空间（图 4-55）。网箱具有自张紧和自支

图 4-55 SeaStation 碟形网箱生产应用中
（改自 Rubino M，2008）

撑特点，其在没有重力和锚缆张紧力的情况下，仍然可以保持形状，从而具有很高的抗变形能力。

1. 网箱结构

该网箱由直径 1 米、长 16 米的圆筒状钢管作为中央立柱，中环为 12 根钢管组成周长 80 米、直径 25.5 米的十二边形，再用上下各 12 根超高分子量聚乙烯绳索将钢制圆筒状中轴两端与多边形钢制外圈节点相连接，形成上下对称的伞状网袋养殖空间。网箱采用高强度超高分子量聚乙烯网衣材料，拉紧后呈双锥碟形，水流对其冲击力明显减小，抗流能力可达 1.5 米/秒，网衣上设有拉链式通道，可供潜水员进出。网箱顶部设有工作平台，可进行网箱检查、维护和投饵工作。网箱容积 3 000 米^3，利用中央立柱的充排气、充排水及下挂质量为 15 吨的沉石，实现网箱整体的快速升降。

2. 升降控制系统

SeaStation 网箱的升降通过调节浮箱和立柱浮力来实现。该网箱的下潜力设计为 300 千克左右，下潜时间控制在 20～30 分钟，下潜深度可通过调节浮筒至中柱顶端的绳索长度来控制，碟形网箱由于是相对刚性的网箱，网袋是绷紧的，完全可以保持水下正常形态。网箱可以浮于水面上又可以潜于水下，这就要求它既能在水面平衡又能在水下平衡。

3. 锚泊系统

SeaStation 网箱系统由多个网箱组成，其锚泊方式采用水下网格式系泊阵列。以夏威夷的网箱为例，其网格系统由系泊缆和由 2×3 系泊阵列或网格构成的绳索组成，锚固绳比例为 4∶1，该锚固绳与 2.5 吨重的拖曳锚相连接。每个网箱分别占据网格的每个单元。此锚泊系统可有效避免台风、飓风的影响，使网箱之间保持一定的安全距离。

4. 饲料投喂系统

SeaStation 网箱的饲料投喂属于水下投喂系统，由储料仓、饲料/水混合器、网箱选择阀、投喂器系泊浮标、喂料管和投喂分配螺旋管等构成。

该网箱还装配有投喂优化系统，用于检测养殖环境条件、养殖鱼类饱足感和饲料颗粒。通过监测溶解氧、水温和水流等环境参数，可以快速确定理想的投喂时间。饱足感监测主要是跟踪鱼类的摄食行为，在鱼类接近饱足时发出停止投喂的提示，可有效降低饲料成本。饲料颗粒监测通过 IP（internet protocol）摄像头获取高清图像，实时获取养殖鱼类水下进食情况，为投喂工作提供重要决策依据，减少饲料的浪费。

5. 起捕系统

当成鱼起捕和分级时，网箱系统处于浮态，此时下浮体及中柱均排空水，工作平台自由漂浮，将网底环向上拉起至适当高度，以调整鱼的密度，使鱼集中在较小的区间内，操作船停在中环外沿，将上网衣的一条缝线拆开，即可用吸鱼泵或其他渔具进行捕捞，在分级时还要配套小网箱辅助操作。

6. 其他辅助设施

该网箱系统配备了环境监测系统，通过水下传感器、水面监测传感器和物理传感器掌握基础设施运行状况。

网箱配备了坚固耐用的潜水相机，用来测量每条鱼的大小和质量。然后，使用特定物种的生物学数据，测算在一定统计置信度下网箱中的总体生物量。

另外，该网箱还配备了先进的云端通信设备和基于云端的分析软件，可为养殖户提供全方位的信息化服务。

（二）AquaPod 球形网箱

AquaPod 球形网箱是由美国 Ocean Farm Technologies 公司首席执行官 Steve Page 设计研发的一种旨在减轻传统水产养殖问题的新型网箱（图 4-56）。该设计布设的目标海域为公海开放海域，可在深水、高海况条件下安全运行，且对环境的影响非常小。此类网箱在美国主要用于养殖大西洋鲑，以推动海水养殖的可持续发展。

图 4-56 AquaPod 球形网箱生产应用中
（改自 Rubino M，2008）

1. 网箱结构

AquaPod 网箱设计为近乎

标准的球体，具有定体积、半刚性结构特点，球体主构架部分（支柱）采用玻璃纤维增强聚乙烯材料，构建成最具稳定性的三角形，设计抗流 0.75 米/秒，球体表面无锐角。根据不同的养殖条件，Ocean Farm Technologies 公司设计了多种型号的 AquaPod 网箱，例如 A212 型、A3600 型、A7000 型等，其尺寸特征如表 4-4 所示。

表 4-4　不同型号 AquaPod 尺寸特征

规格	A212 型	A3600 型	A7000 型
外直径（米）	8.1	19.6	24.3
体积（$米^3$）	212	3 625	7 083
表面积（$米^2$）	188.5	1 180	1 831
净重（千克）	2 620	17 000	29 091
支柱长度（米）	2	3	3
网片数量	80	120	500

2. 网衣

该网箱箱体主要采用乙烯基涂层镀锌钢丝网，其表面呈张紧状态，可以承受一定重力，也可以防止掠食者的攻击。网目为六边形，其中有四个边为单脚，两个边为绞捻边，网目单脚长度为 2.54 厘米。该网箱不需要更换网片，通过网箱的旋转，保持网箱一定的表面位于海平面以上，接受太阳光照射，将网片上附着的海洋生物晒干，或者采用高压冲洗的方式清理网衣。网衣装配时，按照设计尺寸将其裁剪为三角形，边与边连接后装配于网箱的主支架上。

3. 锚泊系统

根据网箱布设数量及使用情况，AquaPod 网箱的锚泊系统可以采用单点系泊、两点系泊和多点系泊等方式。

4. 配套设备

AquaPod 网箱配备了自动化旋转设备，用于网箱的旋转，便于网衣清洗和养殖管理工作。网箱集成了进料系统，用于养殖对象的投饲管理，还整合了波能空气压缩，用于浮沉力的调节。网箱的管理需要配合辅助船舶，工作人员可以登上露在海面以上的网箱部分，进行诸如网衣清洗、鱼苗投放和成鱼起捕等工作。

三、取得成效

SeaStation 网箱自研发以来，已经部署了 50 多个，所有的 SeaStation

网箱在水下均运行良好，在高海况开放海域可避免或至少可降低水面上的环境负载，还能有效降低环境条件对网箱养殖鱼类的影响。AquaPod 网箱是一种旨在减轻传统水产养殖问题的新型网箱，已在美国、挪威、中国等 14 个国家和地区申请了专利，且 A212 型和 A3600 型网箱已投入生产应用。这两种类型的网箱都定位于深远海开放海域，促进了海水养殖活动的可持续性，具有良好的生态效益、经济效益和社会效益。

（一）生态效益

SeaStation 和 AquaPod 网箱是为深远海开放海域设计的，适应较高流速的海洋环境，水体交换能力好，可以使养殖过程中的残饵及排泄物比较分散。与传统养殖方式相比，这两种网箱生产过程可降低对局部海域的环境污染，减少鱼病发生。深远海海域相对于近岸海域的营养物质更少，海水养殖活动也有利于增加远海海域的养分，为野生种群鱼类提供基本的营养。

（二）经济效益

SeaStation 网箱面积为 600 米^2，网箱容积为 3 000 米^3，网箱设计每立方米的产量为 48 千克，每个网箱的产量约为 144 吨。该网箱在美国一般用于养殖大西洋鲑，按照大西洋鲑价格 7 美元/千克计算，每个网箱可以获得产值 100.8 万美元，若养殖系统为 6 个网箱，则每个养殖系统可获得产值 604.8 万美元。

AquaPod 网箱形状相同但有多种尺寸可供选择，以 A3600 型网箱为例，其养殖容积为 3 625 米^3，用于养殖大西洋鲑，以每立方米产量 48 千克计算，每个网箱的产量约为 174 吨，以大西洋鲑价格 7 美元/千克计算，每个网箱可以获得产值 121.8 万美元；若养殖系统为 12 个网箱，则每个养殖系统可获得产值 1 461.6 万美元。若该网箱的结构尺寸更大，其产值会更高。

（三）社会效益

SeaStation 和 AquaPod 网箱融合了多领域技术产品，涉及海工、养殖、加工与市场流通等产业链，可有效带动相关产业的发展，增加就业机会。

四、经验启示

美国的 SeaStation 碟形网箱和 AquaPod 球形网箱为深远海养殖设

施的发展提供了新的设计思路，在适应恶劣海洋环境、维持稳定养殖容积等方面具有显著优势，在部分国家和地区已开展养殖活动，具有一定的应用前景。

SeaStation 网箱通过中央立柱和纲索，形成养殖空间，与网衣相比，纲索伸展性较小，在受到水流冲击时可有效保障网箱的养殖容积，提高结构效率。AquaPod 网箱设计为球形，对于任何给定的表面积，球体具有比其他任何形状更大的体积，体积相同时，表面积要小于其他任何形状；同时，对于任何给定的力，球体比其他任何形状都能更均匀地分配该力；另外，其主结构为半刚性的框架，在受到浪流作用时不易变形，养殖体积恒定。

养殖设施的沉降功能是保障养殖对象躲避恶劣海况的有效措施之一，SeaStation 和 AquaPod 网箱都是通过浮体进水排气来实现网箱的升降，需要保障沉降系统的稳定性和可靠性，科学控制潜降速度和深度。

球形网箱可以采用单锚固定网箱箱体，使网箱随着海流方向顺势转动，适应在不同开放性海域进行养殖生产，并可以养殖多种鱼类。SeaStation 网箱具有独立的浮力控制装置，用于将网箱浮出水面，使其一半体积暴露在空气中进行清洁干燥并方便养殖鱼类起捕。另外，还设计了网箱的翻转功能，用来变换网箱的底部和顶部，有利于对暴露在海面以上的网箱进行管理和维护。而 AquaPod 通过波浪能压缩空气控制浮沉力，使网箱浮起，再通过旋转器，使其旋转，让网箱的不同表面暴露在海面以上，借助辅助渔船进行管理和维护。

第五章 经济、生态及社会效益分析

深远海养殖工程设施装备的设计建造得益于现代海洋工程技术条件和海洋工程装备制造业的发展，因此，深远海养殖装备设施制造业是中国战略性新兴产业的重要组成部分，深远海养殖活动推动了海洋工程装备制造与水产养殖的深度融合发展。假定目前试验性的 9 套深远海养殖装备产能扩大至 10 倍规模，预计可年产优质水产品 8.87 万吨，年销售收入约 74.93 亿元。深远海养殖在不同的国家和地区发展程度不一致，因此公众的认识程度不一致，对其的价值衡量和判断标准也不一致，需要构建符合世界主要海域范围的生态影响评价规范，以推动深远海养殖实现可持续发展。

第一节 深远海设施养殖——战略性新兴产业

一、深远海养殖工程装备属于战略性新兴产业

“经略海洋，装备当先。”海洋工程装备是人类开发、利用和保护海洋，发展海洋经济的前提和基础。海洋工程装备制造业是《中国制造2025》确定的重点领域之一，是中国战略性新兴产业的重要组成部分，是国家实施海洋强国战略的重要基础和支撑。2017 年 1 月 25 日，为贯彻落实《“十三五”国家战略性新兴产业发展规划》，引导全社会资源投向，国家发展和改革委员会编制了《战略性新兴产业重点产品和服务指导目录（2016 版）》（中华人民共和国国家发展和改革委员会公告 2017 年第 1 号），针对海水养殖和海洋生物资源利用装备领域的重点产品和服务指导目录为：“高产量、全控制、精准化、标准化、模块化、高循环率的工厂化循环水养殖设备、整装系统，抗 12 级台风的深远海网箱养殖整装系统，筏式/底播养殖、特殊培养系统、养殖动植物采收等海水养殖专用设

备，新型海洋水产品加工设备和互联网+智能化服务系统。”深远海网箱养殖整装系统作为战略性新兴产业的组成部分被纳入其中。

2017 年 11 月 27 日，工业和信息化部等八部门联合印发的《海洋工程装备制造业持续健康发展行动计划（2017—2020 年）》（工信部联装〔2017〕298 号）要求加快“深远海大型养殖装备”等新型和前瞻性产品研制应用。

2018 年 11 月 7 日，国家统计局发布《战略性新兴产业分类（2018）》（国家统计局令第 23 号），渔业机械制造领域的“深远海养殖装备、养殖整装系统、水产养殖动植物采收专用设备、新型海洋水产品加工设备”产品和服务即为深远海养殖项目中会涉及的装备、系统与产品。建造适应高海况环境条件、确保养殖海洋生物生活空间稳定和生产安全的深远海养殖工程装备，必须依赖于先进海工装备制造业的发展。

二、深远海养殖具有维护国家海洋权益的战略作用

根据中国海域的特点，将深远海养殖项目的选址范围划定为离岸 3 千米以上、水深 20 米以上的开放海域。尤其是中国东海、南海海域满足上述条件的空间广泛，在相关海域实施深远海养殖项目具有维护国家海洋权益的深远意义。

养殖工船和网箱设施是中国发展深远海养殖项目的主要装备形态，其中不具有移动特征的框架结构养殖设施统称为网箱设施。如果将深远海养殖设施投放在中国所有的钓鱼岛、黄岩岛、南沙群岛等附近海域，可以实现民间的海事存在，让水产养殖设施发挥维护国家海洋权益的作用。作为最大的养殖水产品供应国，中国应从战略高度认识开拓深远海养殖空间。

钓鱼岛附近海域有着丰富的渔业资源，太平洋黑潮流经，具有适合水产养殖发展的良好水质条件，距浙江温州市约 358 千米、距福建福州市约 385 千米、距台湾基隆市约 190 千米，周围海域面积约为 17.4 万千米^2，地理位置优越。但其所在海域海况条件复杂，风暴潮等灾害天气频发，因此在该海域可采用布设游弋式养殖工船的方式开展深远海养殖，养殖品种方面可选择大黄鱼、金枪鱼等种类。当遇到恶劣海况条件时，养殖工船可移动至安全海域避险。同时，养殖产品可快速、

高质运送至目标销售市场。

通过组织、鼓励企业和渔民赴钓鱼岛、黄岩岛、南沙群岛等相关海域从事渔业生产经营活动，宣誓实际存在，是维护相关海域主权和海洋权益的最好方式。因此，发展钓鱼岛、南沙群岛等相关海域深远海养殖生产不仅在经济上，而且在政治上和军事上均有战略意义。

三、深远海养殖已成为渔业转型升级的战略方向

深远海养殖装备建造能力不断提升，主要沿海省市纷纷出台相关文件、科技计划和扶持政策，积极鼓励不同主体探索发展深远海养殖项目，使得深远海养殖已成为渔业新旧动能转换、转型升级的战略方向。

2017 年，中船重工武船集团（以下简称武船集团）总承包的挪威“海洋渔场 1 号”深海渔场项目，在位于青岛的武船集团新北船基地顺利交付，这是世界首个智能海上渔场，其在建造过程中完成了一系列重大技术创新，填补了中国海工行业的多项科研和施工空白，为中国海工行业提供了珍贵的技术资料和成功经验，充分证明中国海工装备企业具备了建造深远海大型渔业养殖平台的实力和技术力量。该装备是深远海养殖的划时代装备，在世界海水养殖行业引领技术革命、促成产业飞跃式发展，推动水产养殖从近海养殖向深海养殖加速转变，从网箱式养殖向大型装备式养殖加速转变，从传统人工式养殖向自动化、智能化养殖加速转变，并将中国与挪威在水产养殖领域的国际合作推向深入。

为坚决落实习近平总书记“海洋牧场是发展趋势，山东可以搞试点”的重要指示，2019 年 1 月 12 日，山东省人民政府在《关于印发山东省现代化海洋牧场建设综合试点方案的通知》（鲁政字〔2019〕12 号）中提出，深远海突出装备化和智能化，综合运用现代信息装备，拓展渔业发展新空间，重点开展以现代渔业设施装备为载体的深远海大型智能化养殖试点。在山东半岛东部黄海冷水团海域、庙岛群岛北部海域，建设海洋牧场多功能平台及养殖工船、大型深水智能网箱等装备，完善深远海养殖技术，提升权益维护和安全保障水平，探索跨省域南北海区接力发展模式，为深远海养殖发展提供有益探索。

2019 年 12 月 24 日，黄海冷水团海域大西洋鲑养殖项目顺利通过

验收。目前，山东深海冷水团海洋开发有限公司正在积极申报国家级黄海冷水团深远海养殖试验区，智能网箱“深蓝 2 号”启动建造，采用了养殖、能源、管理平台一体化和投饵、补光、补气智能化设计，可保障大西洋鲑养殖的绿色、安全和智能化生产，养殖容积是“深蓝 1 号”的 3 倍，可养殖大西洋鲑数量达百万尾，年生产大西洋鲑可达 5 000吨，深远海养殖探索实践不断向实。2020 年 6 月 3 日，全球首艘 10 万吨级智慧渔业大型养殖工船“国信 1 号”建造项目在青岛签约，预计该项目将成为世界级深远海养殖的示范工程。

截至目前，已成功实现了以浙江台州大陈岛海域工程化围栏为代表的深远海设施养殖产业化和提质增效，并相继建造了“深蓝 1 号”“德海 1 号”“长鲸 1 号”和“海峡 1 号”等一批高端深远海装备，深远海养殖项目已成为我国主要沿海省市渔业转型升级的战略方向。

第二节　经济效益——产业发展的驱动力

一、深远海养殖的经济效益分析与评估

目前，全球范围内仅有一小部分水产养殖项目部署在开放度较高的离岸海域。迄今为止，有限的深远海养殖项目探索实践，难以应用于对将来深远海养殖项目发展方式、时间和地点的准确预测评价。对于深远海养殖项目发展的中长期预测的不确定性会显著增加，具体包括哪些水产养殖技术可能会发展，这些技术创新对于陆基、近岸或深远海养殖的成本结构会产生哪些影响，以及鱼类和其他蛋白质来源的价格会如何变化。

与近岸海水养殖业一样，许多不同的种类将逐步成为养殖对象，包括有鳍鱼类、贝类和水生植物。深远海养殖项目实施海域的环境条件各有不同，从热带到亚北极，随着与岸线距离的变化，其风浪情况也有明显差别。深远海养殖生产会使用多种不同的技术，并且设施规模也不尽相同。市场与成本也会随着养殖种类、区域、技术和产品规模的变化而变化。因此，对于深远海养殖项目的经济性评价难以有唯一的答案，而是从不同的角度出发，会得出不同的评估结论。

深远海养殖项目的监管将会影响到养殖活动发生的海域、方式、时间和成本。不同国家对于监管制度设立的态度亦有所差别，主要取

决于特定国家或地区对于发展深远海养殖项目的态度，即支持或不支持。因此，深远海养殖项目发展原因和方式，应结合特定国家或地区的发展思路和规划。

从上述三方面制约因素来看，深远海养殖项目的经济效益难以得出准确的结论，仅能从框架方面给出一般性的参考结论。

二、深远海养殖项目风险与效益比较

中国南海的美济礁养殖项目是较早开展深远海养殖的实践，其效益情况具有一定的参考价值，尤其作为在特殊海况条件下的养殖生产效益，可为其他以装备为依托的项目投资提供借鉴。同时，将深远海养殖项目与远洋渔业效益进行比较，也可用于远海渔业生产项目效益的类比分析。

美济礁潟湖未受污染，水质条件好，其养殖产品属纯天然无污染绿色食品。美济礁潟湖养殖始于2000年，在经过“养殖技术研究”“小型养殖试验”和“生产性规模养殖”三个阶段后，对军曹鱼、美国红鱼、红鳍笛鲷、石斑鱼和贝类进行养殖试验，最终发现，军曹鱼和石斑鱼的养殖效果最好。据估算，美济礁潟湖实际水域面积约 3 000 万米^2，如仅利用其 0.5%就有 15 万米^2，按网箱养鱼标准密度 20 千克/米^{3}计算，每个网箱可养老虎斑（石斑鱼的一种）4 吨，2 500 个网箱便可养鱼 1 万吨。在美济礁潟湖的自然条件下，老虎斑成品鱼养殖周期为一年，因此年产量是 1 万吨，产值约 16 亿元，年利润约 8 亿元，其经济效益十分显著。

深远海养殖项目具有明显的经济效益，甚至超过远洋捕捞。麦康森院士对深远海养殖工船和远洋捕捞的效益进行了对比（表 5-1），结果显示，深远海养殖工船项目的经济效益优势明显。

表 5-1 大型养殖工船与远洋捕捞效益对比

效益指标	养殖工船	远洋捕捞	养殖工船与捕捞船效益指标比值
年产量	2 400～5 000 吨	323～721 吨	6.9～7.4
单位功率产量	8～16 吨/千瓦	1.2 吨/千瓦	6.7～13.3
单位油耗产量	2.4～5	0.8	3～6.3
人均产量	80～160 吨/人	27.9 吨/人	2.9～5.7

从上表的比较结果看，在年产量、单位功率产量、单位油耗产量和人均产量 4 项指标中，深远海养殖工船的效益结果均优于远洋捕捞渔船，在一定程度上可以说明，利用深远海养殖工船开展养殖的经济效益优于远洋捕捞项目。

三、深远海养殖经济效益情景分析

参考近年来中国深远海养殖装备几个典型建造与设计案例的报道数据，通过情景分析的方式概述深远海养殖产业的经济效益情况。

以中国已建、在建或签约的几个典型深远海养殖装备案例进行基本假定。深远海养殖装备主要包括“振鲍 1 号”“福鲍 1 号”“振渔 1 号”“海峡 1 号”“德海 1 号”“长鲸 1 号”“深蓝 1 号”“澎湖号”和“国信 1 号”共 9 套（表 5-2）；主要养殖种类为鲍、大黄鱼、真鲷、鳗、军曹鱼、卵形鲳鲹、大西洋鲑、虹鳟、石斑鱼、黄条鰤等；基础生产数据累计为容积 42.19 万米^3，设计年产量 8 870 吨，预计年销售收入 7.49 亿元，初始建造总投资额约 8.24 亿元。

表 5-2　中国主要深远海养殖装备情况

装备名称	容积（米^3）	设计年产量（吨）	预计年销售额（万元）	造价（万元）
“振鲍 1 号”	735	12	500	1 000
“福鲍 1 号”	8 198	38	1 580	1 000
“振渔 1 号”	13 000	120	2 400	1 500*
“海峡 1 号”	150 000	1 500	30 000	20 000
“德海 1 号”	30 000	450	1 350	1 500
“长鲸 1 号”	60 000	800	4 000	4 700
“深蓝 1 号”	50 000	1 500	12 000	11 500
“澎湖号”	30 000	450	1 100	1 200
“国信 1 号”	80 000	4 000	22 000	40 000
合计	421 933	8 870	74 930	82 400

注：* 表示该数据为估算结果。

以上述 9 套装备投产规模 10 倍预测短期内中国深远海养殖项目的发展规模，并在此基础上，按照达产能力的 50%、80%和 100%情况分别设立 3 种情景模式，分析中国深远海养殖项目的经济效益。由于缺少更多的数据支持，难以从投资收益指标角度进行动态量化分析，以下主要从定性角度进行静态解析。设计指标如下：

$$投资销售率=\frac{年销售收入}{总投资额}\times 100\%$$

投资销售率指标主要用来反映年销售收入占总投资额的比率，数值越大表示潜在利润率可能会越大。

$$产出率=\frac{年产量}{总养殖容积}$$

产出率指标主要用来反映单位养殖水体的产量情况，该指标结果越大，表示养殖综合技术水平越高。

根据《中国渔业统计年鉴》的统计数据，2014—2018 年中国深水网箱养殖产出率指标如表 5-3 所示。

表 5-3　2014—2018 年中国深水网箱养殖产出率

年份	深水网箱产出率（吨/万米^3）
2014	146.53
2015	112.95
2016	113.40
2017	110.82
2018	114.23
均值	119.59

（一）情景 1：达产 50%情况下的深远海养殖产业

9 套深远海养殖装备项目扩大至 10 倍规模，但达产能力仅为 50%的情景下，总养殖容积为 421.93 万米^3，预计年产量为 44 350 吨，预计年销售收入为 37.47 亿元，初始总投资额为 82.40 亿元。

从设计的指标计算结果来看，预计投资销售率为 45.47%，即预计年销售收入占到总投资额的 45.47%。该条件下，建议政府加大投资支持力度，减少企业投融资成本，甚至全部为政府示范性项目投资，企业仅以少部分固定资产投资或者以租赁的形式开展生产，同时，运行企业应通过加强管理、减少相应的生产成本，提高单位销售收入的利润比例。

产出率指标为 105.11 吨/万米^3，从统计数据比较来看，该指标值低于 2014—2018 年中国深水网箱的单位水体产出率，说明生产效率偏低，应在完善养殖技术、提高设备适应性方面加大投入，从而提高产出率。

（二）情景 2：达产 80%情况下的深远海养殖产业

9 套深远海养殖装备项目扩大至 10 倍规模，但达产能力仅为 80%

的情景下，总养殖容积为421.93万米^3，预计年产量为70 960吨，预计年销售收入为59.94亿元，初始总投资额为82.40亿元。

从设计的指标计算结果来看，预计投资销售率为72.75%，即预计年销售收入占到总投资额的72.75%。该条件下，预计年销售收入已占投资额较高比例，政府可以在初始固定资产建设投资方面减少支持规模，降低出资比例，提高运营企业的出资比例，培育企业自主投资的能力，优化政府投资方向。运营企业应建立配套的规章制度和品牌发展规划，提高产品的市场竞争力，可探索建立高效的销售物流体系，增加产品附加值。

产出率指标为168.18吨/万米^3，从统计数据比较来看，该指标值高于2014—2018年中国深水网箱的单位水体产出率，增幅为40.63%，说明深远海养殖生产的技术优势已经得到显现，应逐步建立养殖技术相关标准，提高深远海养殖设备的生产适应性，固化养殖种类和探索新种类并存，熟化养殖技术方案。

（三）情景3：达产100%情况下的深远海养殖产业

9套深远海养殖装备项目扩大至10倍规模，达产能力为100%的情景下，总养殖容积为421.93万米^3，预计年产量为88 700吨，预计年销售收入为74.93亿元，初始总投资额为82.40亿元。

从设计的指标计算结果来看，预计投资销售率为90.93%，即预计年销售收入占到总投资额的90.93%。该条件下，预计年销售收入与初始固定资产投资额基本持平，政府应退出深远海养殖项目的固定资产投资扶持，或者降低至较低的支持水平，让运营企业成为投资绝对主体，增强其抗风险能力，发挥市场机制的作用，培育深远海养殖项目的龙头企业，参与国际市场竞争。运营企业拥有知名品牌支撑，建立了较为完善的流通与销售体系，相关产品的国际市场占有率不断提高，竞争优势明显。

产出率指标为210.22吨/万米^3，从统计数据比较来看，该指标值高于2014—2018年中国深水网箱的单位水体产出率，增幅为75.78%，深远海养殖项目的技术优势已充分显现，通过养殖技术标准规范实现模式化复制，在市场容量允许的条件下，扩大养殖规模，充分发挥养殖空间拓展的综合效益，同时在成熟化现有品种养殖技术的基础上，加大研发投入，结合海域条件开发新的可养殖种类，满足市场多样化需求。

四、深远海养殖项目提供了船舶建造业发展的新路径

长期以来，全球船舶工业陷入了产能过剩危机，其中也包括中国企业，虽然在开拓国际造船业务市场方面，中国企业表现出一定的竞争优势，但整个船舶行业的颓势不可避免，中国造船企业寻求新发展路径的脚步从未停歇。

FAO 报告显示，在全球约 7%的专属经济区（exclusive economic zone，EEZ）内，海域条件满足水深在 25～100 米或者流速为 0.1～1 米/秒，而仅有 140 万千米^{2}的海域同时能够满足上述水深和流速的条件，以适合深远海设施养殖和吊笼养殖模式的发展。按照军曹鱼、大西洋鲑和紫贻贝的最适生长水温条件，对其产量进行评估，结果如表 5-4 所示。

表 5-4 全球深远海养殖产量推算结论

种类	单位面积产量（吨/千米^2）	可持续养殖面积（千米^2）	5%情景模式		1%情景模式	
			可养面积（千米^2）	产量（吨）	可养面积（千米^2）	产量（吨）
军曹鱼	9 900	97 192	4 860	48 110 040	972	9 622 008
大西洋鲑	9 900	2 447	122	1 211 265	24	242 253
紫贻贝	4 000	5 848	292	1 169 600	58	233 920
合计		105 487	5 274	50 490 905	1 054	10 098 181

按照适养海域面积的 1%或 5%进行估算，深远海养殖产量规模为 1 000 万～5 000 万吨，说明全球深远海养殖项目的装备需求空间广阔。

按照前述 9 套深远海养殖装备的建造成本来估算，这些深远海养殖装备已经或将要为中国造船企业带来 8.24 亿元的营业收入，从产业链的角度来看，可带动钢铁、船载设备、养殖设施等产业的发展，同时还可以促进就业稳定。据估算，湖北海洋工程装备研究院有限公司承建的挪威新型渔场在北欧及北美海域共需 500 台套，价值约 300 亿美元；若从中国国内市场看，仅考虑南海海洋资源情况，其可形成 3 600 亿元的养殖装备市场。参考“国信 1 号”养殖工船投资主体的未来计划，其将陆续投资建设 50 艘养殖工船，形成总吨位突破 500 万吨、年产名贵海水鱼类 20 余万吨、产值突破 110 亿元的深远海养殖产业链条，

全力将项目打造成为世界级深远海养殖的示范工程，推动海洋经济高质量发展。随着深远海养殖项目数量规模的扩大，市场对深远海养殖装备的需求将不断提高，为中国造船企业发展带来一个新的路径选择。

第三节　绿色生态——健康持续发展的基础

中国近海海湾水质富营养化以及沉积物和生物受污染比较严重，对提高养殖水产品的质量和食品安全十分不利。从现有的试验数据结果来看，深水网箱或围栏养殖的军曹鱼、大黄鱼等品种与普通网箱相比，从外观上看，体色鲜艳，条纹明显，与天然水域野生鱼相接近。在相同的价格下，深水网箱或围栏养殖的军曹鱼、大黄鱼更易于出售，有时其售价更高。因此，拓展深远海养殖空间是绿色渔业发展的一条重要路径。但由于缺少深远海养殖与环境之间影响程度的充分的数据支撑，仅能从一般性理解和认识的角度阐述深远海养殖与环境之间的相互关系，认为其符合绿色生态渔业发展的特征要求。

一、生物废弃物排放与无机养分

研究结论显示，由于投饵、鱼类排泄等因素的影响，深水网箱养殖海区的无机氮含量和氨氮含量明显升高，但是在深水养殖产品起捕后，由于海流作用，养殖海区的水质很快就能恢复到与未开展养殖海区一致的水平。

从目前的已有数据来看，人们对于深远海养殖产生的废弃物如何分布以及对特定海域生态系统的结构和功能认识也相对不足。因此，缺少充足的科学依据来监测和管理开放水域的海水养殖对环境的影响。一般认为，养殖过程中产生的氨和磷酸盐等无机营养物质对养殖海域环境会产生影响。深远海养殖营养源对环境的影响因素包括三个方面：①营养盐释放的规模和速率；②水体稀释营养盐和有机废弃物的速率；③营养盐和有机废弃物在食物网中被同化的速率。根据养殖项目的选址情况，结合模型模拟营养盐的释放与吸收情况，从而开展相关预防性措施进行管理。深远海养殖海域远离陆地岸线，具有大洋性浪、流特征，因此，预期洋流对于营养盐的稀释作用明显。

养殖过程中的残饵和粪便会沉积在养殖设施的底部及其周围海域，从而对底栖生态环境产生一定的影响。通过物料平衡法可以量化投入的规模。由于海底地形、水流流速、沉积物结构和水深等条件的不同，这些废弃沉积物的分布形式也会有所差异。如果沉积物堆积严重的话，可能会导致底栖生态系统结构和功能发生重大变化，最为显著的变化就是生物多样性下降和异养生物量增加。深远海养殖项目对底栖环境的影响因素主要包括：①粪便和残饵量；②水深和海底地形；③养殖场所在地的水动力学特性（包括表层和深层）；④深水和底栖生态系统的同化能力；⑤底栖生境的敏感性。深远海养殖项目的装备一般都采用了先进的投饲系统，不仅可以提高饲料转化率，减少残饵问题，同时在优化饲料配方等方面加强投入，以最小化粪便或排泄物对环境的影响程度。

二、敏感底栖环境

将水产养殖项目从近岸海域移至深远海海域，有助于消除近岸海域敏感栖息地的压力，但在深远海养殖项目的选址海域可能会影响其他敏感栖息地。如果离岸水域的水质清澈且光线穿透力强的话，也可能包括敏感栖息地环境，例如地中海的海草可在水深50～70米处生存。海水养殖对底栖生物的影响具有深入的科学研究基础，具体影响指标包括指示物种、物种和类群的多样性、动物群的生物量、有机物含量和生化指标、微生物状态和需氧条件。已经有成熟的监测技术和模型用以分析其对敏感底栖环境的影响程度，将来需要验证和测试这些方法或技术手段对于深远海养殖项目的适应性。

三、养殖物种逃逸及其与野生种群的遗传作用

一般而言，养殖物种从深远海养殖设施中逃逸都是受到外部因素的影响，例如风、浪、捕食者、破坏行为及管理机制不完善。防止养殖物种逃逸是一个重要的挑战。养殖物种逃逸通常被认为是一个主要问题，但不同国家或地区对其可能存在的影响认识有所不同，这与养殖物种本身也有一定的关系。主要的后果包括：①对野生种群的遗传干扰（如果养殖物种种群数量大于自然种群数量，并且该物种属于选择性繁殖，则认为该物种逃逸产生的有害性较为严重）；②病原潜在传

播；③逃逸生物对野生种群生存空间的挤占。例如，大西洋鲑已经经过几代的选择性繁育，据估计，其养殖群体数量已经超过了野生种群数量。在这种情况下，逃逸的养殖种群与野生种群进行的繁育活动可能会产生负面影响。目前开展深远海养殖的物种中，没有一种进行过与大西洋鲑一样的人工繁育过程，或许大西洋鲑也并不是最合适的深远海养殖对象。许多利益攸关方一直在讨论深远海养殖可能面临的大规模逃逸问题，因为深远海养殖项目数量规模不断扩大，而且部署的海域离岸距离不断增加，环境条件更加恶劣，其发生物种逃逸的可能性也将大大提高。贝类和藻类也不能被排除在逃逸的范围之外，但到目前为止，深远海养殖还没有对环境产生危害。降低深远海养殖物种逃逸风险的路径就是避免潜在的繁殖或定居活动。

四、疾病与化学药剂

养殖物种发生逃逸后，其养殖过程中产生的致病细菌、病毒和有害寄生虫等可能会被引入和传播到野生种群。病原体和寄生虫通常来源于野生鱼类或无脊椎动物种群，但在养殖密度过大的网箱中，也可能达到流行病的比例特征。健康管理、合理的废弃物管理、使用有效疫苗、规范用药、保持水质条件等对于加强养殖鱼类的健康和防止疾病传播具有重要作用。加强养殖密度管理、合理布局养殖设施位置，可以避免病原菌和病毒在不同养殖设施间的传播。

海水养殖过程中使用了多种化学品，包括消毒剂、防污剂和渔药。金属元素或其他化合物可能会在养殖设施下方的底栖生物体内富集，并可能通过食物链转移。抗生素的影响包括对非靶生物的影响、对沉积物化学和过程的影响及细菌耐药性的发展。在部分深远海养殖设施中，也可能会使用防污剂，但对于大部分深远海养殖项目而言，由于养殖海域环境条件和水文条件较好，不同设施和项目之间的距离较远，因此，预计总体的化学药剂用量会明显下降。

五、对野生种群和渔业生产的影响

对于在专属经济区内进行的深远海养殖项目而言，确保养殖群体与野生群体之间不发生有害影响是至关重要的。深远海养殖项目实施区域通常会聚集大量野生鱼类，这是需要考虑的重要问题之一。对地中海鲷和鲈养殖区的调查发现，其养殖设施周围聚集了多达30种的野生鱼类，总生物量为10～40吨。随着深远海养殖项目规模的扩大，在其设施周围会有一定的残饵存在，这将会吸引大量的野生鱼类获取食物。如果养殖设施布置在迁徙或产卵的洄游路线上，这种野生鱼类聚集的效应会更加明显。

深远海养殖设施通常还会吸引大型食肉动物，例如鲨鱼和虎鲸。在美国加利福尼亚周边海域，加利福尼亚海狮、海豹等大型动物会通过破坏网衣而捕食养殖的大西洋鲑。为了避免深远海养殖设施与海洋哺乳动物之间的相互影响，在选址时远离它们的活动区域范围是一个重要选择。

六、多营养层次综合养殖模式

深远海养殖项目的多营养层次综合养殖模式（integrated multi trophic aquaculture，IMTA）是指在养殖设施的周围，利用吊笼系统养殖具有商业价值的次营养级物种——双壳贝类和大型藻类，以利用有鳍鱼类产生的废弃物，从而实现物质的循环利用。实践证明，靠近养殖设施的双壳贝类能够很容易地消耗掉鱼类产生的粪便或残饵；在离养殖设施较远的地方，双壳贝类会过滤因养殖设施中释放出来的无机营养物质而增加的浮游植物细胞；大型藻类可以利用从养殖设施中释放出来的无机营养物质。利用IMTA构建深远海养殖项目，既有经济驱动力，也有环境驱动力。从本质上而言，IMTA是发展深远海养殖的一种环境友好型方式，然而，其在特定海域推广实施的主要问题还是总体风险和可实现的经济效益大小。在深远海养殖项目实施海域，由于水动力特性的影响，食物颗粒和营养物质很可能会迅速分散开来，因此，通过养殖大型藻类可以实现对其的有效利用，获得额外收益。由于双壳贝类和大型藻类生长也需要合适的水文条件，因此，需要探索研究有鳍鱼类养殖如何搭配双壳贝类和大型藻类，实现经济效益和生态效益的最大化。

七、环境影响最小化

在开展深远海养殖项目之前，必须进行风险评估、环境影响评估和监测，具体标准或要求可以参照FAO出版或发布的相关技术规则，包括《活体水生动物安全迁移的健康管理》《水产养殖遗传资源管理准则》和《水产养殖生态系统方法》。其他相关的资料包括《全球水产养殖环境评估与监测》和《水产养殖风险评估与风险管理》。

参　考　文　献

丁永良，2006. 海上工业化养鱼［J］. 现代渔业信息（3）：4-6.

高勤峰，张恭，董双林，2019. 网箱养殖生态学研究进展［J］. 中国海洋大学学报（自然科学版），49（3）：7-17.

关长涛，黄滨，林德芳，等，2004. 深水网箱养殖鱼类的分级与起捕技术［J］. 中国水产（zl）：285-290.

郭炳火，黄振宗，刘广远，2004. 中国近海及邻近海域海洋环境［M］. 北京：海洋出版社.

郭根喜，陶启友，黄小华，等，2011. 深水网箱养殖装备技术前沿进展［J］. 中国农业科技导报，13（5）：44-49.

侯海燕，鞠晓晖，陈雨生，2017. 国外深海网箱养殖业发展动态及其对中国的启示［J］. 世界农业（5）：162-166.

刘晃，徐皓，徐琰斐，2018. 深蓝渔业的内涵与特征［J］. 渔业现代化，45（5）：1-6.

刘锡清，2006. 中国海洋环境地质学［M］. 北京：海洋出版社.

马云瑞，郭佩芳，2017. 我国深远水养殖环境适宜条件研究［J］. 海洋环境科学，36（2）：249-254.

麦康森，徐皓，薛长湖，等，2016. 开拓我国深远海养殖新空间的战略研究［J］. 中国工程科学（3）：90-95.

聂政伟，王磊，刘永利，等，2016. 铜合金网衣在海水养殖中的应用研究进展［J］. 海洋渔业，38（3）：329-336.

孙湘平，2006. 中国近海区域海洋［M］. 北京：海洋出版社.

武建国，刘冬，王晓鸣，等，2018. 船壁清洗水下机器人水动力分析与试验研究［J］. 船舶工程，3（25）：91-97.

肖丽娜，赵仲秋，许靖，2019. 深远海渔业养殖平台载荷计算分析［J］. 船舶标准化与质量（1）：52-57.

徐皓，谌志新，蔡计强，等，2016. 我国深远海养殖工程装备发展研究［J］. 渔业现代化 43（3）：1-6.

徐君卓，2007. 海水网箱及网围养殖［M］. 北京：中国农业出版社.

徐琰斐，刘晃，2019. 深蓝渔业发展策略研究［J］. 渔业现代化，46（3）：1-6.

袁军亭，周应祺，2006. 深水网箱的分类及性能［J］. 上海水产大学学报，15（3）：350-358.

袁征，马丽，王金坑，2014. 海上风机噪声对海洋生物的影响研究［J］. 海洋开发与管理（10）：62-66.

岳冬冬，王鲁民，方海，等，2018. 中国深水网箱养殖科技专利情报分析与对策研究［J］. 水产学杂志，31（6）：40-46.

中国水产科学研究院东海水产研究所，2018. 大型浮式养殖平台网箱结构：

CN201810106725.7 [P] . 9-4.

中国水产科学研究院东海水产研究所，铜联商务咨询（上海）有限公司，2011a. 铜合金编织网相邻网片半软态连接方法：CN200910199862.0 [P] . 6-8.

中国水产科学研究院东海水产研究所，铜联商务咨询（上海）有限公司，2011b. 相邻两块铜合金斜方网拼接用网片软拼接制作方法：CN200910199860.1 [P] . 6-8.

Berglund C，2013. Advanced Lagrangian Approaches to Cavitation Modelling in Marine Applications [M] . Hamburg：Springer Netherlands.

Cardia F，Lovatelli A，2015. Aquaculture Operations in Floating HDPE Cages：a field handbook [M] . Rome：FAO.

Chu Y I，Wang C M，Park J C，et al.，2020. Review of cage and containment tank designs for offshore fish farming [J] . Aquaculture，519：734928.

Drach A，Tsukrov I，Decew J，et al.，2015. Design and modeling of submersible fish cages with copper netting for open ocean aquaculture [C] //Brinkmann B，Wriggers P. Proceedings of the V International Conference on Computational Methods in Marine Engineering. Hamburg：CIMNE：178-189.

Francisco de Bartolomé，Abel Méndez，2005. The tuna offshore unit：concept and operation [J] . IEEE Journal of Oceanic Engineering，30 (1)：20-27.

Knapp G，2013. The development of offshore aquaculture：an economic perspective [C] // Lovatelli A，Aguilar-Manjarrez J，Soto D. Expanding mariculture farther offshore：technical，environmental，spatial and governance challenges. Rome：FAO：201-244.

Lester S E，Gentry R R，Kappel C V，et al.，2018. Opinion：Offshore aquaculture in the United States：Untapped potential in need of smart policy [J] . Proceedings of the National Academy of Sciences，115 (28)：7162-7165.

Rubino M，2008. Offshore Aquaculture in the United States：Economic Considerations，Implications & Opportunities [R] . Silver Spring：NOAA.

Soner Blien，Volkan Kizak，Asli Muge Bilen，2013. Floating fish method for salmonid production [J] . Marine Science and Technology Bulletin (2)：8-12.

Swingle H S，1969. Methods of analysis for waters，organic matter and pond bottom soils used in fisheries research [D] . Auburn：Auburn University.

Yigit U，Ergun S，Bulut M，et al.，2017. Bio-economic efficiency of copper alloy mesh technology in offshore cage systems for sustainable aquaculture [J] . Indian Journal of Geo-Marine Sciences，46 (10)：2017-2024.

“德海1号”养殖船应用实景

“德海3号”潜浮式养殖船效果图

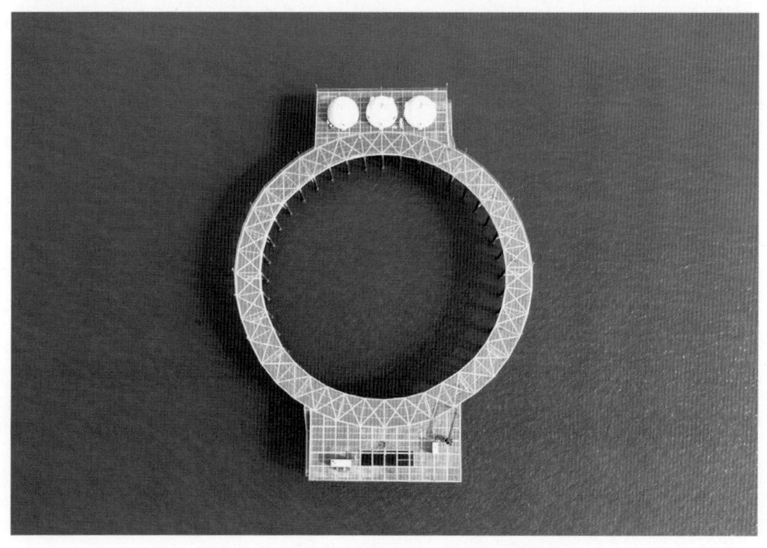

160米休闲围栏俯视图（莱州明波）

160米休闲围栏建造施工中（莱州明波）

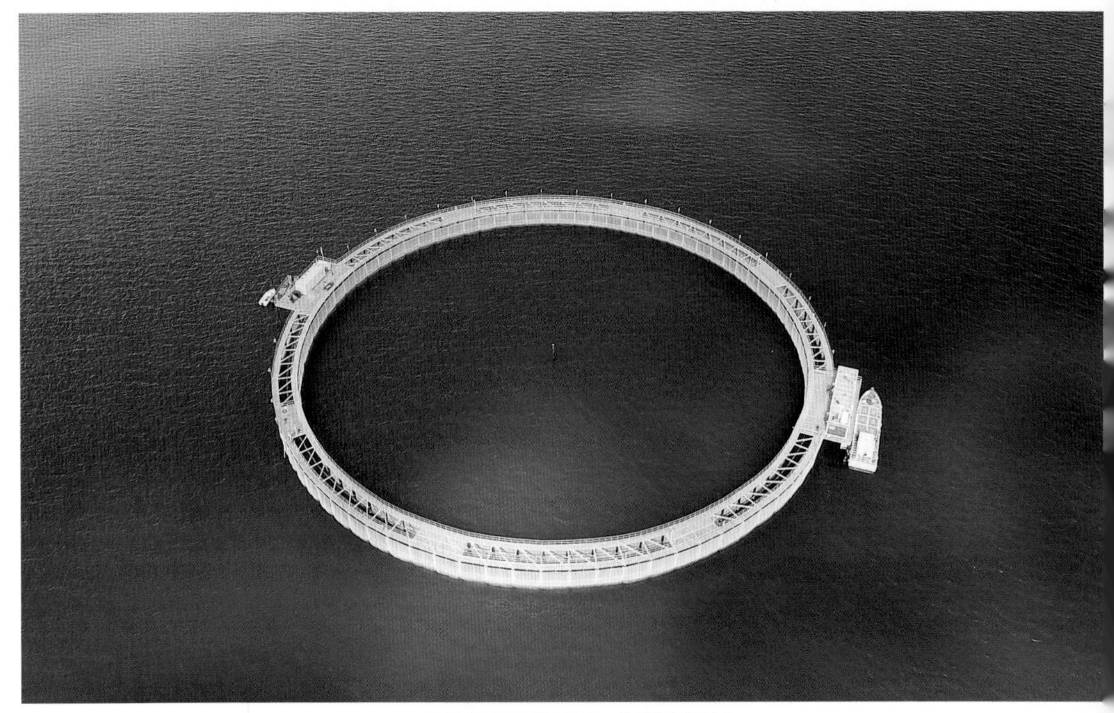

160米休闲围栏运行中（莱州明波）

HDPE深水网箱系统

HDPE网箱养殖收捕

安装好的HDPE网箱框架（局部结构）

安装好的HDPE网箱框架整体效果

“长鲸1号”侧视图

“长鲸1号”俯视图

“长鲸1号”生产运行中

“海峡1号”现场施工图

“海峡1号”俯视图

美国Aquapod球形网箱

挪威典型的大西洋鲑养殖场（HDPE网箱）

日本桁架结构重力式网箱

台州市大陈岛养殖有限公司建造的围栏

养殖过程中的HDPE网箱（整体）

养殖过程中的HDPE网箱（局部）

圆形工程化养殖围栏设施（局部结构）（台州市恒胜水产养殖专业合作社）

圆形工程化养殖围栏设施（台州市恒胜水产养殖专业合作社）

中国水产科学研究院东海水产研究所研发的智能控制升潜网箱